自来水厂建设项目
监理控制实务

徐红仙 ◎ 著

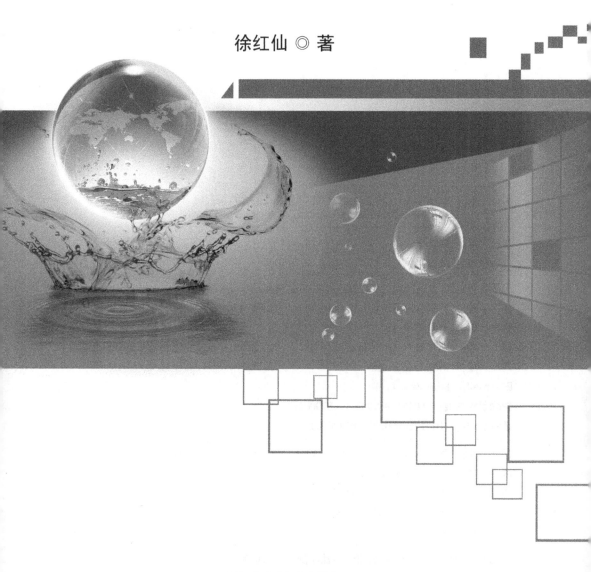

哈尔滨出版社
HARBIN PUBLISHING HOUSE

图书在版编目（CIP）数据

自来水厂建设项目监理控制实务／徐红仙著. -- 哈
尔滨：哈尔滨出版社，2025.1
ISBN 978-7-5484-7888-1

Ⅰ.①自… Ⅱ.①徐… Ⅲ.①水厂-运营管理 Ⅳ.
①TU991.6

中国国家版本馆 CIP 数据核字（2024）第 091140 号

书　　名：**自来水厂建设项目监理控制实务**
ZILAISHUICHANG JIANSHE XIANGMU JIANLI KONGZHI SHIWU

作　　者：徐红仙　著

责任编辑：李金秋

出版发行：哈尔滨出版社（Harbin Publishing House）

社　　址：哈尔滨市香坊区泰山路 82-9 号　邮编：150090

经　　销：全国新华书店

印　　刷：北京虎彩文化传播有限公司

网　　址：www.hrbcbs.com

E - mail：hrbcbs@ yeah.net

编辑版权热线：（0451）87900271　87900272

销售热线：（0451）87900202　87900203

开　　本：787mm×1092mm　1/16　印张：12.75　字数：255 千字

版　　次：2025 年 1 月第 1 版

印　　次：2025 年 1 月第 1 次印刷

书　　号：ISBN 978-7-5484-7888-1

定　　价：68.00 元

凡购本社图书发现印装错误,请与本社印制部联系调换。

服务热线：（0451）87900279

前　言

　　城市供水工程是城市重要的基础设施,科学合理切合实际地制定供水专项规划,对促进国民经济发展、提高城市居民生活质量、实现社会经济可持续发展和建设节水型社会有非常重要的意义。随着城市化进程的加速和人民生活水平的提高,自来水厂作为城市基础设施的重要组成部分,其建设质量和运行效率直接关系到城市居民的日常生活和社会生产。因此,自来水厂建设项目的监理控制工作显得尤为重要。

　　上海市奉贤区的城镇供水事业起步于 20 世纪 60 年代,随着水厂的建成投产,有力地促进了奉贤区的经济发展和人民生活水平的提高。1962 年,原奉贤县建造了第一座简易水厂后,根据乡村用水自来水化、供水集约化与区域发展,分阶段推进了自来水厂的新建、扩建、深度处理等项目。如今奉贤区供水系统共包括四座水厂,现状供水能力为 60 万 m^3/d,水厂原水来自黄浦江上游金泽水源地。现状规模分别为,奉贤第三水厂 30 万 m^3/d、奉贤第二水厂 10 万 m^3/d、星火水厂 10 万 m^3/d、奉贤第一水厂 10 万 m^3/d,原水均来自黄浦江上游金泽水库。

　　本人先后经历了第三水厂二期、三期扩建项目,奉贤第二水厂新建,奉贤第一水厂新建以及第二、第三水厂深度处理项目的监理工作与建设管理工作。本书结合了历年自来水厂监理与建设管理工作经验,并参阅借鉴了其他自来水厂建设经验,包括了监理工作制度、质量、进度、造价、合同、安全文明等控制措施及监理程序等内容。

目　　录

第一章　自来水厂建设项目的监理工作内容

第一节　自来水厂建设项目的监理控制工作

一、质量控制

自来水厂建设项目监理控制工作的质量控制是至关重要的环节,旨在确保工程质量,满足设计要求和安全标准。质量控制涉及对施工材料、施工过程以及工程成品的严格监督。监理团队需对进场材料进行严格检查,确保其符合工程规范和质量标准,防止使用不合格材料。在施工过程中,监理人员要实时监控施工工艺和操作是否符合设计要求,对不合格部分及时提出整改意见。同时,他们还会对工程的各个阶段进行质量评估,确保每一步都达到既定的质量标准。

(一)设计与施工前准备阶段

在自来水厂建设项目启动之初,监理团队的首要任务是确保设计方案的合理性和施工图的准确性。为此,他们会组织并参与设计交底会议,深入研究施工图,凭借专业知识和丰富经验,为设计团队提供宝贵的建议或意见。这一阶段的工作至关重要,因为它是后续所有施工活动的基础,也是从根本上保证工程质量的第一步。

随着设计的完善,监理团队会转向施工前准备工作。他们会严格审查和批准施工组织设计,核实并签发一系列质量文件,包括施工必须遵循的设计要求、采用的技术标准和技术规程规范等。这些文件是施工的指南,其重要性不言而喻。同时,为了确保所有法定程序和开工前的准备工作都已就绪,监理团队还会检查施工许可等手续的办理情况,并及时向委托人提交检查报告。

(二)材料与供应单位审查阶段

进入施工阶段后,监理团队的工作重心会转向对材料和供应单位的严格审查。他们会对所有应用于工程的材料进行计划和质量上的双重审核,确保这些材料完全符合设计图纸或既定的质量标准的要求。此外,监理团队还会对承包人、分包人以及材料、设备、构配件等供应单位的资格及发包手续、备案情况进行复核和审查。这一系列举措旨在从源头上保证工程的质量,确保每一个环节都符合高标准、严要求。

(三)施工过程质量控制阶段

在施工过程中,监理团队发挥着举足轻重的作用。他们不仅会对整个施工过程进行全方位的监督管理,还会对重要部位和关键工序采取旁站监理的方式,确保每一个细节都符合质量标准。为了及时发现并处理各种潜在的质量问题,监理团队会保持高度的警惕性,对施工情况进行实时的记录和统计。一旦发现质量问题,他们会立即进行现场拍照或录像,为后续的分析和改进提供有力的依据。除此之外,监理团队还会全过程监督管理各项隐蔽工程。他们深知这些工程对于整个项目的质量至关重要,因此会格外注重这一环节的质量控制。在质量事故发生时,监理团队会迅速组织或参与调查工作,审批事故处理方案,并监督质量事故的处理过程,确保问题得到及时有效的解决。

(四)竣工与验收阶段

随着施工的结束,监理团队的工作也进入了最后阶段。他们会组织并主持质量检查会和分析会,对施工质量进行全面的评估和总结。这不仅是对自身工作的一种回顾和反思,也是为后续项目的改进提供宝贵的经验和教训。在竣工阶段,监理团队还会积极参与竣工图审核及签章、竣工审核以及竣工资料的审查工作。他们会以严谨的态度和专业的知识来确保所有资料的准确性和完整性。最后,监理团队会协助委托人组织竣工预验收和竣工验收工作,并提交详细的质量评估报告。通过这些措施,他们能够全面、有效地控制自来水厂建设项目的质量,确保项目的顺利进行并最终达到高质量的标准。

二、进度与造价控制

(一)进度控制

在自来水厂建设项目中,监理团队负责全面控制施工进度。他们首先会深入研究招标文件和合同,明确其中关于进度的各项条款。接着,对施工总承包单位、各专业分包单位以及设备供应商所提交的进度计划进行严格的审核与分析。在施工过程中,监理团队会持续监控施工总进度计划的执行情况,并根据实际情况及时提出调整建议。同时,他们还会对项目各阶段以及年、季、月度的进度计划进行详细的审核与控制,并在必要时做出相应的调整。为了更精确地掌控进度,监理团队还会利用计算机辅助工具对比计划值与实际施工进度,并定期提交详尽的进度控制报告,确保项目能够按照既定的时间表顺利推进。

（二）造价控制

在自来水厂建设项目的造价控制方面,监理团队发挥着至关重要的作用。他们会对工程实际进展情况进行详细而完善的记录,并对必要的环节进行签证,确保每一步都有明确的记录。同时,对于工程的修改、变更以及返工等情况,监理团队也会进行详细的记录,并进行必要的签证,以保证造价控制的精确性。此外,与工程有关的措施也会被详细记录并签证,以提供全面的造价控制依据。为了更直观地了解投资计划的执行情况,监理团队还会每月进行投资计划值与实际值的比较,并提供相应的报表,帮助项目方及时调整投资策略。在资金支付环节,监理团队会积极参与工程付款审核,以及其他付款申请单的审核,确保资金的合理使用。当遇到施工索赔事件时,监理团队也会参与审核及处理与资金有关的事宜,为项目方提供专业的造价控制建议,从而最大程度地降低造价风险,保障项目的经济效益。

第二节　自来水厂建设项目的监理管理工作

一、安全生产监督管理

（一）施工安全监督与管理

监理团队在自来水厂建设项目中,承担着重要的施工安全监督与管理职责。他们首先会严格审核专项施工方案,确保方案的科学性和安全性,并督促承包人全面落实安全保证体系,从源头上预防安全事故的发生。在施工过程中,监理团队会持续督促承包人履行安全、文明施工的保障义务,确保工地现场的安全和秩序。为了进一步加强安全管理,监理团队还会协助招标人组织工地安全检查,及时发现并纠正存在的安全隐患。在应对紧急情况时,监理团队会协助项目委托人制订应急措施,确保在突发事件发生时能够迅速有效地应对。

（二）工地协调与文明施工

除了安全监督,监理团队还负责工地的协调与文明施工工作。他们会督促承包人组织工地卫生及文明施工检查,保持工地环境的整洁和有序。在遇到工地纠纷时,监理团队会积极协调处理,确保施工进程的顺利进行。同时,他们还会督促承包人组织落实工地的保卫及产品保护工作,防止工地财物被盗或损坏。为了加强与质量安全监督机构的沟通,总监理工程师会定期通过监理管理信息平台,按照管理部门的规定内容,向质量安全监督机构报送施工现场监理情况的报告,以便及时了解和改进施工现场存在的问题。通过这些措施,监理团队为自来水厂建设项目的顺利进行提供了有力保障。

二、合同管理

在自来水厂建设项目的合同管理环节,监理团队同样扮演着举足轻重的角色。他们的合同管理职责主要集中在两个方面:协助处理索赔和合同纠纷,以及进行施工合同的跟踪管理。

在处理索赔和合同纠纷方面,监理团队会凭借专业的法律知识和丰富的实践经验,为委托方提供有力的支持和协助。他们会对索赔要求进行细致的分析,评估其合理性和合法性,然后向委托方提供专业的处理建议。在合同纠纷发生时,监理团队会积极介入调解,努力寻求双方都能接受的解决方案,以维护项目的顺利进行和各方的利益。

此外,监理团队还会对施工合同进行持续的跟踪管理。他们会密切关注合同的履行情况,确保合同条款得到严格执行。为了保持信息的透明和及时,监理团队会定期提供合同管理的各种报告,包括合同履行进度、存在的问题以及可能的改进建议等。这些报告不仅有助于委托方全面了解合同的执行情况,还能为后续的决策提供有力的数据支持。

三、信息管理

(一)监理文件资料基本内容

1. 影像资料基本内容

(1)工程进度控制

工程进度控制对于确保项目按时完成具有至关重要的作用。在自来水厂建设项目的监理过程中,对工程进度进行了严格的掌控和记录。项目监理部进场时的现场情况被详细记录,为后续的工程进度提供了基线数据。同时,对各单位工程、分部、子分部工程的开工形象进度也进行了全面跟踪和记录,以便及时掌握施工进展。此外,现场主要施工机械、设备的配备情况也得到了密切关注,确保其满足施工需求,不影响工程进度。

(2)工程质量控制

在自来水厂建设项目的监理环节中,工程质量控制是核心任务之一。为了确保工程质量,监理团队从多个维度实施了严格的质量控制措施。首先,对各分项工程的检验批进行了详尽的验收过程记录,包含验收的时间、地点、参与人员等信息,并附有相应的照片,确保验收过程的真实性和可追溯性。其次,进场材料的质量控制也是关键一环,所有材料都经过严格的验收流程,确保其质量符合设计要求和施工规范。在施工过程中,还进行了见证取样及施工试验,以保障施工过程中的材料和质量达到标准。同时,对测量验线实施了精准控制,以提升施工精度和工程质量。最后,对于施工过程中出现的质量问题和事故,监理团队也进行了及时处理和详尽记录,为后续工程提供了宝贵的经验和教训。

(3)工程投资控制

工程投资控制是工程项目管理中的重要环节,它直接关系到项目的经济效益。在自来水厂建设项目的监理过程中,工程投资受到了严格的控制。监理工程师会定期进行现场计量工作,并详细记录工作情况,包括已完成工程量的测量、材料使用情况的统计等。这些数据为及时发现投资偏差并采取相应的调整措施提供了重要依据。此外,通过有关会议的图片记录,也可以直观地了解施工现场的实际情况,更好地控制施工进度和投资状况。这些控制措施有助于实现工程投资的有效管理,确保项目的经济效益。

(4)安全、环保管理

安全、环保管理是自来水厂建设项目中不可忽视的一环。监理团队在安全、环保管理方面采取了切实有效的措施。安全预控方面,监理团队对现场进行了全面的安全检查,并详细记录了各项预控措施的实施情况,包括安全设施的设置、施工人员的安全培训等,以确保施工现场的安全环境。同时,环保管理也备受重视。监理团队密切关注施工废弃物、废水和噪声等环保问题,及时记录并处理重大环保隐患,努力维护施工现场的环境状况。在发生安全事故后,监理团队会立即进行现场取证工作,并详细记录事故情况和处理结果,以便分析事故原因并总结经验教训。

(5)合同管理

合同管理在自来水厂建设项目中占据重要地位,它涉及项目各方的权益。监理团队深知合同管理的重要性,并在实际工作中进行了细致的记录。在工程延期方面,监理团队详细记录了延期的原因、时间以及相关证据,为进行精准的工期索赔和调整提供了有力支持。在费用索赔方面,监理团队也进行了严格的取证工作,记录了费用变更的原因和实际情况,为向相关方提出索赔要求提供了依据。当项目各方在合同履行过程中出现争议时,监理团队会及时记录争议的情况和处理结果,以便后续解决和协商。这些合同管理措施有助于维护项目各方的权益,确保项目的顺利进行。

(6)信息、沟通管理

信息、沟通管理在自来水厂建设项目的监理过程中具有关键作用。为了确保项目信息的准确性和及时性,监理团队采取了多种措施进行信息收集和沟通。定期举行的各种会议为相关方提供了深入沟通和交流的平台,有助于及时了解施工进展和存在的问题。同时,会议还记录了重大事项和决策结果,确保信息的可追溯性和准确性。此外,监理团队还利用现代信息技术手段进行信息管理和沟通,通过项目管理信息系统实时更新项目信息、共享文档,提高工作效率和信息传递的准确性。这些措施为项目的顺利进行提供了有力支持。

2. 监理文件资料的基本内容

(1)前期文件类

在自来水厂建设项目中,前期文件是项目启动和实施的基础,它们记录了项目的起始状态、规划和准备过程。这些文件为项目团队提供了一个清晰的方向,并确保所有相关人员对项目目标和要求有共同的理解。

监理招标、投标文件及监理大纲,是项目监理工作的基础,它们明确了监理的职责、权力和工作内容,为后续监理工作的顺利开展提供了指导。监理中标通知书和监理合同则标志着监理单位的选定和法律关系的建立,是监理单位参与项目管理的法律依据。

施工招标、投标文件是选择施工单位的重要依据,通过公开、公平、公正的招标过程,确保选择到具备相应资质和能力的施工单位。施工图预算或综合单价则是项目成本控制的基础,为后续的工程计量和支付提供了依据。

地质勘察资料是项目设计和施工的重要参考,它们揭示了施工场地的地质条件和潜在风险,为项目团队提供了宝贵的基础数据。设计文件及图纸、设计审查批准书是项目施工的蓝图,它们详细描述了工程的构造和细节,是施工单位进行施工的重要依据。

施工许可证则是项目合法开工的证明,标志着项目已经完成了所有前期准备工作,即将进入施工阶段。

这些前期文件相互关联、互为支撑,共同构成了项目实施的基石。它们的准确性和完整性对于项目的顺利进行至关重要。

(2)施工准备文件

施工准备文件是自来水厂建设项目中的重要组成部分,它们涵盖了项目开工前的各项准备工作和必要文件。这些文件的存在和完备性对于确保项目的顺利进行具有重要意义。

在施工准备阶段,需要审查分包单位的资质等级证书和营业执照副本,以确保其具备承担相应工程任务的能力和资质。同时,专业分包队伍的资信报审单和附带的资信资料也是必不可少的,它们能够证明分包队伍的专业性和信誉度,为项目的顺利进行提供保障。设计技术交底会议纪要记录了设计单位向施工单位进行技术交底的过程和内容,是确保施工符合设计要求的重要环节。工程开工申请表则包含了工程施工组织设计、工程用材料设备、施工用大型设备、首道工序的分项施工方案、施工测量放样等资料,这些资料的审核和批准是项目开工的必要条件。

工程进度计划申报表及其附件是施工单位向监理单位提交的重要文件,它们详细描述了项目的施工进度计划和关键节点,是监理单位进行进度控制的重要依据。同时,施工单位还需要提供项目经理部到岗人员情况一览表及有关证件、进场材料、设备名称、数量、规格、性能一览表等资料,以便监理单位对项目的实施情况进行全面了解和监督。

此外,在工程质量检验文件方面,需要提交主要原材料、半成品、成品出厂质量证明书及试验(检验)报告等资料,以证明所使用的材料符合质量要求。同时还需要提供设备开箱"四方"联合检查资料、产品合格证、技术说明等文件,以确保设备的质量和性能符合要求。在施工过程中产生的各种质量记录和试验报告也是必不可少的,它们能够反映项目的质量状况和施工过程中的问题。

(二)影像、资料管理监理工作流程

项目监理部按工程要求及工程实际工作需要配备数码照相机,并按照能够清晰记录所反映的工程具体部位情况的需要,明确影像资料的数量要求,竣工后影像资料作为工程档案一部分整体归档。监理影像资料在项目监理部进场后,从进场调查项目初始状况开始,到召开工程第一次例会,项目开工及工程项目各施工工序的展开,以时间先后顺序,分别进行拍摄,并进行编辑、整理、归档等工作。项目监理部根据工程特点编制相应的专题影像资料。

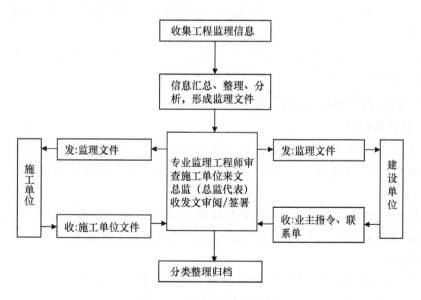

图1-1　信息管理程序框图

（三）影像、资料管理监理的控制要点及目标值

1. 影像资料的控制要点

监理影像资料必须图像清晰,照片不得低于 200 万像素。图片上应留有拍摄日期,拍摄的角度、方式应能正确反映相关的主体,并具有代表性。监理影像资料的拍摄主体应体现"完善手段、过程控制"的指导思想。当拍摄需要反映偏差的主体时,应立钢尺等参照物进行明确标识和记录,以供追溯。当拍摄梁柱节点等空间部位时,应从多个角度拍摄记录各个面的质量情况。监理的影像资料应该全面反映新材料、新工艺、新结构在工程中的应用情况以及重要节点、部位的控制情况;应能全面反映监理工程师对关键部位、关键工序的控制,以及单位工程安全和功能检验监理见证情况。对施工过程中出现的安全、质量问题,或施工中遇到的异常地质条件,地下障碍物的情形时,应及时予以拍摄记录。应对安全质量问题和异常情况的处理全过程进行跟踪拍摄记录,作为验收凭证,并将最终（整改）结果拍摄记录存档。在进行编辑整理时,应配有标题,附有文字说明,并注明拍摄时间和拍摄人。

2. 监理信息的控制要点及目标值

（1）监理信息管理规定了建设工程监理信息资料管理职责和信息收集、传递、分析、处理、编码和存储、归档管理的方法,确保信息资料的准确、完整、及时、安全和有效。

（2）监理信息真实可靠、反映工程实际情况;所形成的文件资料表示规范、字迹清楚、签字齐全,不得弄虚作假或涂改原始记录。

3. 影像、资料管理的日常管理以及归档管理

（1）日常管理

其一,专人负责。总监理工程师应指派专人负责影像资料的日常管理,确保资料的连续性和完整性。这样做可以提高管理的专业性和效率,降低资料丢失或损坏的风险。

其二,同步拍摄与整理。监理影像资料应按照管理要求,随工程进展同步进行拍摄、编辑和整理。这种实时更新的管理方式有助于及时记录和反映工程进度和现场情况。

其三,代表性选择。对于项目中的多个单位工程,应选择具有代表性的工程留置影像资料,以优化资料存储和管理效率。

其四,及时备份。为防止数据丢失,影像资料应在日常整理过程中进行及时备份。这是确保数据安全和可恢复性的重要措施。

(2)归档管理

其一,定期整理。项目监理部应每月对影像资料进行整理,通过筛选、编辑和处理,确保存档资料的质量和准确性。这种定期整理的做法有助于保持资料的条理性和可检索性。

其二,配合监理月报。整理后的影像资料应配合当月的监理月报进行编写,并随月报一起提交给业主。这样做可以增强监理工作的透明度和沟通效率,让业主更直观地了解工程进度和现场情况。同时,提供复制件也能确保业主和监理单位之间的信息共享和备份。

四、设备监理

(一)设备运输储存监理的主要内容

设备运输储存监理的主要内容涵盖多个重要环节。监理需要确保以经济合理的方式将所需设备安全、及时地运送到工地,并对其进行妥善保管。对于主要设备、有特殊运输要求的设备及超大超重的设备,监理应严格审查相关的运输、起重和加固方案,以保障设备在运输过程中的安全性。

在装卸主要设备和进口设备时,监理需全程监督并做详细记录,一旦发现问题,应立即提出并协同相关单位进行文件签署工作。此外,监理还要参与主要设备的进场验收,与安装单位共同完成设备的移交、清点和检查工作。同时,监理还必须检查设备储存场所的环境和条件是否满足需求,并督促设备保管部门对储存的设备进行定期的检查和维护,以确保设备在储存期间保持良好状态。这些措施共同构成了设备运输储存监理的核心内容,旨在全方位保障设备的安全与完整。

(二)设备安装调试阶段的监理内容

1. 资质审查与计划监督

监理首先要对设备安装调试单位进行全面的资质审查,包括其施工技能水平和特种工种的上岗证,这是确保工程质量的基础。监理需仔细审查设备安装调试的施工组织设计、施工方案和施工进度计划。这一步骤至关重要,因为它能确保整个安装调试过程的合理性和高效性,从而避免资源浪费和工期延误。

2. 现场监督与质量控制

在安装调试过程中,监理要积极参与现场工作。这包括参加进场设备的开箱验收,查验设备和安装材料的合格证,以确保所有使用的材料和设备都符合既定标准。监理还需对设备基础的检测和隐蔽工程的检验验收进行监督,这是设备安装稳固性和安全性的重要保障。

对于安装工艺过程,监理要进行跟踪监督,特别是关键工序,实行旁站监理。

同时,要检查安装和调试的施工记录,以确保每一步操作都严格遵守规范。除此之外,监理还要处理可能出现的质量事故,检查工作协调会,协调施工进度和各方工作关系,以及处理工程变更和设计修改等事宜。最终,监理需要对设备安装调试质量进行全面评估,并撰写评估报告,为工程的最终验收和交付提供重要依据。

(三)设备试运行阶段的监理内容

在设备试运行阶段,监理的核心任务是协调各方共同确保试运行的顺利进行。这包括与工程项目的参建单位及使用单位紧密合作,确保设备的试运行工作得到有效执行。同时,监理还需仔细督促和审查试运行过程中的记录,与项目的设计要求进行详细对比,及时发现并协调解决存在的问题和改进点。在设备出现故障时,监理要迅速协调各方分析原因和责任,推动操作、设计、制造、安装等相关单位及时响应,有效处理问题和排除故障。试运行结束后,监理还需参与设备的检测工作,对设备工程的质量进行全面评价,确保设备性能稳定、安全可靠。

(四)监理工作范围与工作目标

1. 监理工作范围

施工图范围内的本项目所涉及的(包括但不限于)整个施工周期,包括施工准备阶段、施工阶段、调试及试运行阶段、竣工验收移交阶段及保险期阶段,施工图纸范围内的所有内容监理及 BIM 技术服务。

2. 监理工作目标

质量控制目标为质量一次合格率达到 100%,以符合并满足国家及上海地区的工程验收质量标准。这一目标的实现,旨在确保工程的每个环节均达到最高质量标准,无任何质量瑕疵,从而保障工程的整体优质和客户的满意度。

第二章　自来水厂监理工作依据

自来水厂监理工作依据包括依法订立的建设监理委托合同、施工承包合同、由建设单位提供并认可的施工图纸、工程建设计划及其合同、项目前期证照成果与过程资料，还包括有关工程建设的法律、法规、政策和规定、规范、标准。

第一节　工程建设法律、法规与政策

工程建设作为国民经济的重要组成部分，其质量、安全等方面都受到国家的高度重视。为了确保工程建设的规范性，从中央到地方的各级政府相继出台了一系列的法律、法规和政策。以下是对其中部分重要法律法规政策的详细解读。

一、中央层面的法律法规与政策

中央层面对工程建设的管理主要通过制定相关法律法规来实现。《中华人民共和国建筑法》作为我国建筑业的基本法律，对建筑工程的发包、承包、安全生产、质量监督等方面做出了明确规定，为建筑业的健康发展提供了法律保障。此外，《建设工程质量管理条例》和《建设工程安全生产管理条例》分别从质量和安全两个方面对工程建设提出了具体要求，强化了工程建设的监管力度。特别是针对危险性较大的分部分项工程，《危险性较大的分部分项工程安全管理规定》进一步明确了安全管理措施和责任主体，以确保工程施工过程中的安全生产。

二、上海市的法规与政策

上海市作为我国的重要经济中心，其工程建设规模庞大，管理要求也更为严格。根据《中华人民共和国建筑法》，同时结合本地区的实际情况，上海市政府出台了一系列地方性的工程建设管理法规和政策。例如，《上海市建设工程质量监督管理办法》和《上海市建设工程安全生产管理办法》等，都是在国家法律法规的基础上，结合上海市的具体情况制定的，旨在确保上海市的工程建设质量和安全。此外，上海市还在工程监理、工程检测等方面制定了详细的管理办法，如《上海市建设工程监理管理办法》和《上海市建设工程检测管理办法》等，这些地方性法规为上海市的工程建设提供了全方位的管理和指导。

三、专业性与技术性规定

除了上述的综合性法规和政策外,还有一些针对特定工程类型或施工环节的专业性和技术性规定。例如,《建筑节能工程施工质量验收规程》就是针对节能工程的特点制定的,它规定了节能工程施工质量的验收标准和方法,对于推动建筑节能工作具有重要意义。再如,针对基坑降水这一具体施工环节,《上海市建设工程基坑降水管理规定》明确了基坑降水的技术要求和管理措施,以确保施工过程中的安全。

综上所述,工程建设法律、法规和政策的制定与执行,对于确保工程建设的规范性、提高工程质量和保障施工安全具有至关重要的作用。从国家到地方,从综合性到专业性,这些法律法规和政策构成了一个完整的管理体系,为我国的工程建设提供了坚实的法律保障。

第二节　与项目有关的规范和标准

在工程项目建设中,遵循一系列规范和标准是确保工程质量与安全的关键。以下是对部分重要规范和标准的详细解读,它们涉及工程监理、工程测量、工程验收、施工安全等多个方面,为工程项目的顺利实施提供了全面的指导。

一、工程监理与验收规范

工程监理是确保工程质量的重要手段。《建设工程监理规范》为监理工作提供了明确的指导,包括监理计划的制订、监理过程的实施以及监理报告的编写等,旨在确保工程监理的系统性和有效性。同时,《建筑工程质量检验评定标准》和《建设工程质量验收规范》等则对工程质量验收的各个环节进行了详细规定,从材料验收、施工过程控制到最终验收等各个方面,都有明确的标准和要求,以确保工程质量符合设计要求和相关标准。此外,对于特定类型的工程,如地基基础、混凝土结构、钢结构等,也有相应的施工质量验收规范。例如,《建筑地基基础工程施工质量验收规范》《混凝土结构工程施工质量验收规范》和《钢结构工程施工质量验收规范》等,这些规范针对不同类型的工程特点,制定了具体的验收标准和要求,以确保各类工程的质量和安全。

二、工程测量与安全技术规范

工程测量是工程建设中不可或缺的一环,《工程测量规范》为工程测量提供了统一的技术要求和操作方法,包括平面控制测量、高程控制测量、施工放样等各个方面,以确保工程测量的准确性和可靠性。在施工安全方面,也有一系列的规范和技术规程,如《建筑施工安全检查标准》《建筑施工扣件式钢管脚手架安全技术规范》《建筑施工现场环境与卫生标准》等,这些规范旨在确保施工过程中的安全卫生条件,预防施工事故的发生,保障施工人员的生命安全和身体健康。

三、材料与构件标准

在工程建设中,材料和构件的质量直接关系到工程的质量和安全。因此,对于热轧钢板桩、热轧 H 型钢和部分 T 型钢等重要的工程材料,也有相应的国家标准进行规范,如《热轧钢板桩》和《热轧 H 型钢和部分 T 型钢》等。这些标准规定了材料的化学成分、机械性能、尺寸偏差等关键指标,以确保材料的质量和性能符合工程建设的要求。同时,对于特定的施工技术和构件,也有相应的技术规程进行规范。例如,《型钢水泥土搅拌桩技术规程》和《咬合式排桩技术标准》等,这些技术规程为特定施工技术的实施提供了具体的指导和要求,以确保施工技术的正确性和有效性。

第三章 自来水厂建设项目监理工作程序和流程

第一节 自来水厂建设项目监理工作程序

一、自来水厂建设项目监理工作总程序

自来水厂建设项目监理工作总程序是确保工程项目顺利进行并达到预期质量目标的关键流程。该程序始于监理合同的签订,明确监理的范围和责任。接着,监理团队将对工程项目进行深入了解,包括工程的设计、施工计划等,以便为后续工作奠定基础。在实施监理过程中,监理团队将进行定期的现场巡查,确保施工质量和进度符合合同和规范要求。同时,他们还会对施工材料、设备和工艺进行检查,确保其质量和适用性。若发现问题,监理团队将及时提出并要求整改,直至符合标准。此外,监理团队还负责协调各方关系,包括业主、设计单位和施工单位等,以确保工程顺利进行。在项目竣工阶段,监理团队将参与验收工作,确保工程质量符合设计要求和相关标准。最后,监理团队将编制监理报告,详细记录监理过程和结果,为项目的后续运营和维护提供重要依据。整个监理工作总程序旨在通过专业、严谨的监理服务,确保工程项目的质量、进度和安全,为业主创造最大的价值(见图3-1)。

二、自来水厂建设项目工程质量与原材料质量控制程序

(一)自来水厂建设项目工程质量控制流程

自来水厂建设项目工程质量控制流程是确保项目质量符合预期的重要环节。该流程首先要求明确工程的质量目标和标准,为整个控制过程提供明确的指导。接着,进行详细的施工计划制订,包括人员配置、材料采购和施工工艺等,以确保每个环节都有严格的质量控制措施(见图3-2)。

在施工过程中,进行定期的质量检查和抽查,对施工现场、材料、半成品和成品进行全面监控,确保施工质量与设计方案相符。若检查中发现问题,应立即进行整改,并对整改过程进行监督,直至问题完全解决。进行整体工程的质量验收,

确保工程各项指标均达到预定标准。整个流程强调预防为主,注重过程控制,旨在通过持续、系统的质量控制,确保工程的整体质量和安全。

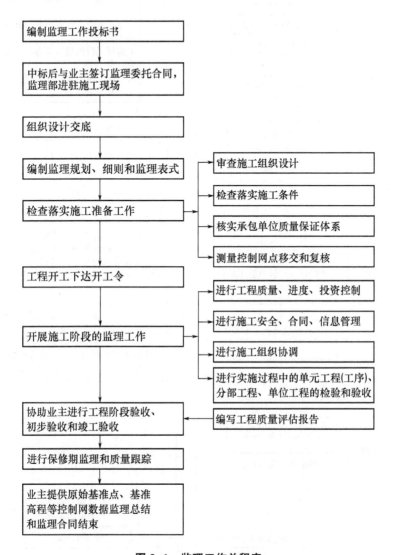

图 3-1　监理工作总程序

(二)自来水厂建设项目原材料质量控制程序

自来水厂建设项目原材料质量控制程序是确保工程项目中使用的原材料质量符合标准的关键环节。该程序首先要求供应商提供相关的质量证明文件,如合格证、质检报告等,以确保原材料来源的可靠性(见图 3-3)。

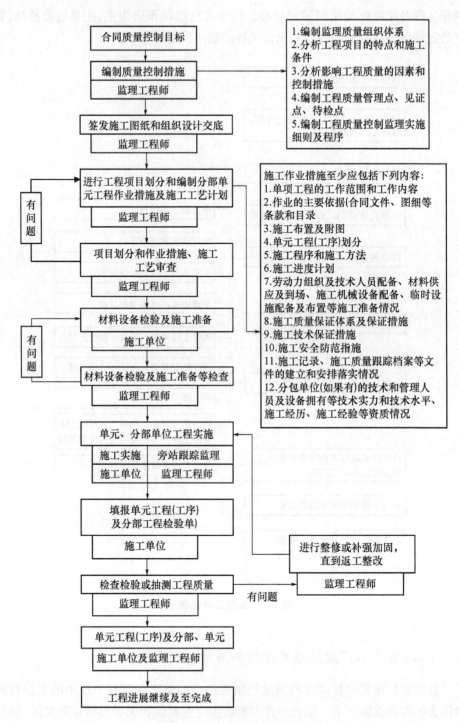

图 3-2 工程质量控制流程图

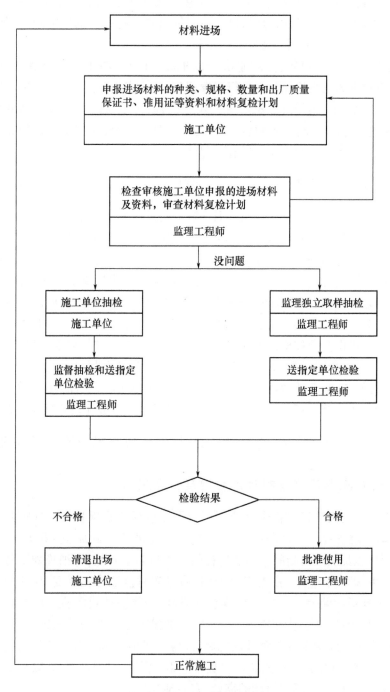

图3-3　原材料质量控制程序

在原材料进场前,必须进行严格的检验。检验内容包括对原材料的外观、规格、尺寸进行检查,确保其符合设计要求;对原材料进行必要的性能测试,如强度、耐久性、稳定性等,以保证其满足工程需要。

对于不合格的原材料,必须坚决予以拒收,并及时与供应商协商解决方案。同时,还要对进场的合格原材料进行妥善保管,防止产生受潮、污染等不良影响。

在施工过程中,还需对原材料进行定期的抽检,以及时发现并处理可能存在的质量问题。通过严格执行原材料质量控制程序,可以确保工程项目的原材料质量,为工程的整体质量和安全提供有力保障。

(三) 自来水厂建设项目分项工程(工序)施工质量控制程序

自来水厂建设项目分项工程(工序)施工质量控制程序是确保每个施工环节质量达标的关键流程(见图3-4)。该程序首先要求对每个分项工程或工序进行详细的技术交底,明确施工要求和质量标准。在施工过程中,施工人员应严格按照图纸和规范进行操作,确保每个步骤都符合预期的质量要求。同时,质量检查人员会进行实时的监督和检查,确保施工过程中的质量控制。完成每个分项工程或工序后,必须进行自检和专检。自检由施工班组自行组织,对施工质量进行初步评估;专检则由专业质检人员进行,他们会对施工结果进行详细的检测和评估,确保施工质量符合设计要求和相关标准。若发现质量问题,必须及时进行整改,并重新进行检查,直至质量达标。通过严格执行分项工程(工序)施工质量控制程序,可以确保每个施工环节的质量,为工程的整体质量和安全奠定坚实基础。

三、自来水厂建设项目工程进度、计量支付与投资监理控制流程

(一) 自来水厂建设项目工程进度控制流程

自来水厂建设项目工程进度控制流程图是确保工程项目按计划顺利进行的重要工具(见图3-5)。该流程图首先明确了工程进度控制的目标和关键节点,为整个控制过程提供了清晰的指导。流程图从项目启动开始,详细规划了各个阶段的施工任务和时间节点。在施工过程中,通过实时监控施工进度,与计划进行对比,及时发现进度偏差。一旦发现偏差,流程图会指引项目团队采取相应的纠偏措施,如调整资源分配、优化施工工序等,以确保工程能够按计划推进。同时,流程图还包含了风险预警和应急处理机制,以应对可能出现的各种突发情况。通过工程进度控制流程图,项目团队可以更加直观地了解工程进度,有效预防和解决进度延误问题,确保工程项目能够高效、有序地推进。

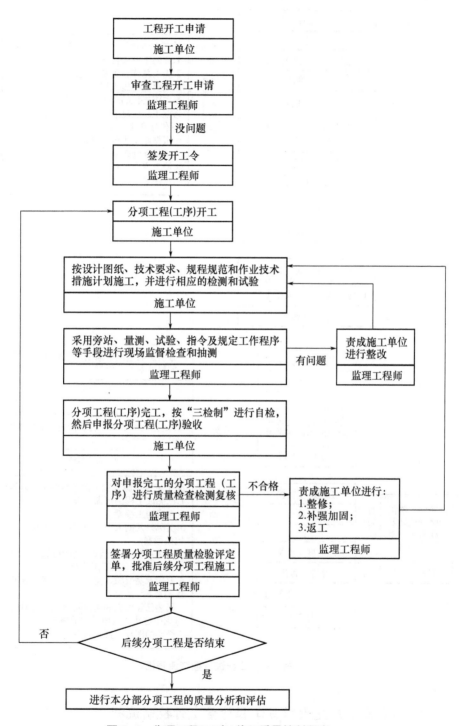

图 3-4 分项工程(工序)施工质量控制程序

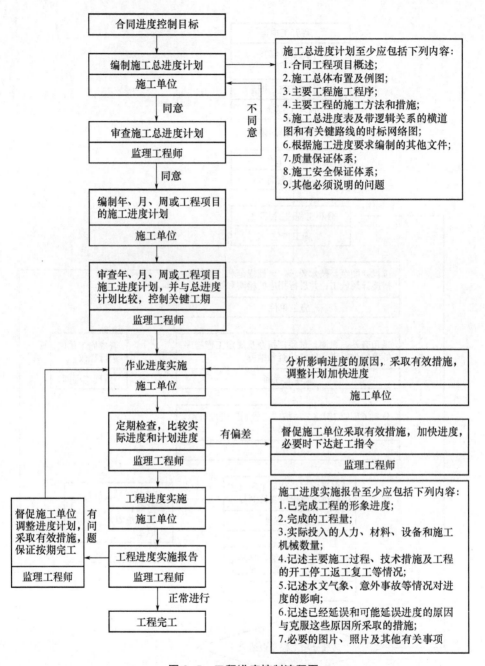

图3-5　工程进度控制流程图

(二)自来水厂建设项目工程计量支付控制流程

自来水厂建设项目工程计量支付控制流程是确保工程项目费用合理支付的

关键环节(见图 3-6)。该流程始于合同约定的计量支付规则,明确了计量方式和支付条件。在施工过程中,施工单位需定期提交已完成工程量的计量报告,并附上相关的施工记录、质量检测报告等资料。业主或监理单位在收到报告后,会进行核实和审查,确保计量准确无误。一旦计量结果得到确认,支付程序随即启动。支付申请会提交给财务部门,经过审核无误后,按照合同约定的支付方式和时间节点进行款项划拨。同时,该流程还包括对支付情况的记录和监控,以确保支付过程的透明和合规。通过工程计量支付控制流程,可以有效管理工程费用,保障施工单位的合法权益,同时也有助于业主对工程项目成本的精确控制。

(三)自来水厂建设项目投资监理控制程序

自来水厂建设项目投资监理控制程序是确保工程项目投资有效使用和管理的重要环节(见图 3-7)。该程序首先要求建立详细的投资计划和预算,明确各项费用的分配和使用标准。在项目实施过程中,投资监理人员需对项目的投资使用情况进行持续跟踪和监控,确保资金按照计划和预算进行合理分配。他们还会定期对项目的财务状况进行审核和分析,以及时发现并解决可能存在的资金使用问题。同时,该程序还包括对投资风险进行评估和预防,制定相应的应对措施,以降低投资风险对项目的影响。在项目结束后,投资监理人员还需进行投资效益评估,对项目的投资回报进行客观评价,为未来项目的投资决策提供参考。通过严格执行投资监理控制程序,可以确保工程项目的投资得到有效管理和使用,提高项目的投资效益。

四、自来水厂建设项目工程变更、设备监理与设备工程质量控制流程

(一)自来水厂建设项目工程变更控制流程

自来水厂建设项目工程变更控制程序是确保工程项目在面临变更时能够有序应对的重要环节(见图 3-8)。该程序首先要求建立明确的变更申请和审批流程,确保任何变更都经过正式申请并得到相关方面的批准。一旦收到变更申请,项目团队会对其进行评估,包括变更的影响范围、时间成本、费用变动等方面,以确定变更的可行性和合理性。经过评估后,变更申请会被提交给相关决策机构进行审批。审批通过后,项目团队会制定详细的变更实施方案,并与相关方进行沟通和协调,确保变更过程顺畅进行。在实施变更过程中,项目团队会密切关注变更的进展和影响,及时调整实施方案以确保变更的顺利进行。变更完成后,项目团队会进行验证和验收,确保变更效果符合预期,并对相关文档和资料进行更新和归档。通过工程变更控制程序,可以有效管理工程项目的变更风险,确保项目

的顺利进行和质量的可靠。

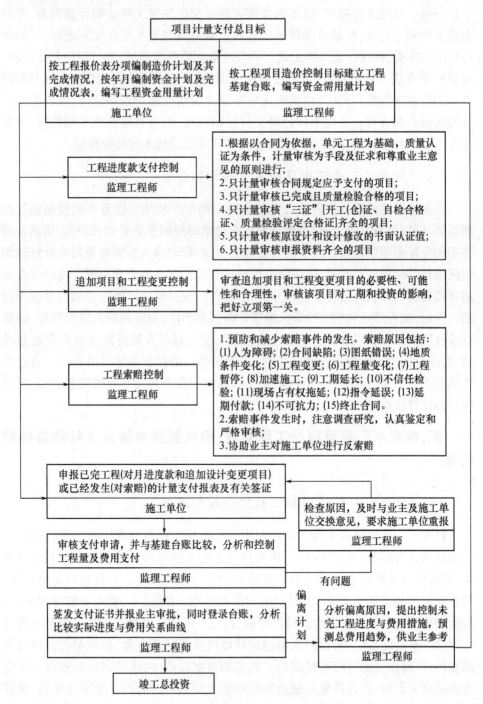

图 3-6 工程计量支付控制流程图

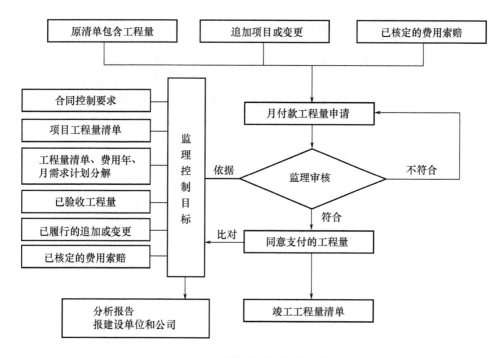

图3-7　投资监理控制程序图

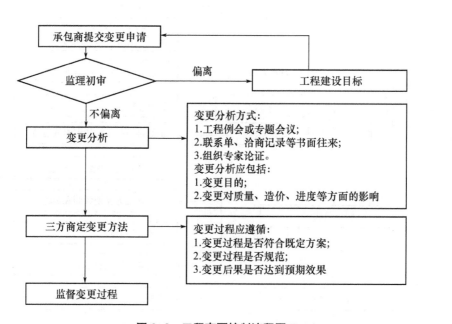

图3-8　工程变更控制流程图

(二)自来水厂建设项目设备监理工作总流程

自来水厂建设项目设备监理工作总流程是确保设备采购、安装和调试过程符合规定要求的重要程序(见图3-9)。该流程始于设备采购计划的制订,明确设备需求和采购标准。随后,监理单位会协助业主进行设备选型,并对设备供应商的资质和产品进行严格的审查和评估,确保设备质量和性能满足工程需求。

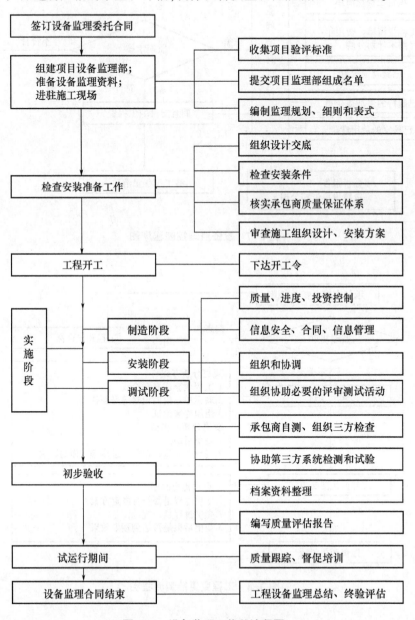

图3-9 设备监理工作总流程图

在设备安装和调试阶段,监理单位会派遣专业人员对设备的安装过程进行监督,并对设备的调试和运行进行测试,确保其性能稳定可靠。同时,监理单位还会对设备的维护和管理提供指导和建议,确保设备能够长期稳定运行。整个设备监理工作总流程旨在通过专业、细致的监理服务,确保设备采购、安装和调试过程的顺利进行,为工程的正常运营提供有力保障。

(三)自来水建设项目设备工程质量监理工作流程

自来水建设项目设备工程质量监理工作流程是确保设备工程安装质量的关键环节(见图3-10)。该流程首先要求对设备工程的设计图纸和规范进行仔细审查,确保其符合行业标准和业主要求。在施工过程中,监理人员会定期前往现场进行质量检查,对设备安装、调试等关键环节进行实时监控,确保施工质量与设计方案一致。同时,他们还会对使用的材料和设备进行严格把控,防止因材料或设备问题影响工程质量。若发现质量问题或施工不规范的情况,监理人员会及时提出整改意见,并监督施工单位进行整改,直至问题得到解决。工程完工后,监理人员会参与工程验收,对设备的性能、安全性和稳定性进行全面评估,确保设备工程质量达标。整个流程旨在通过严格的监理工作,保障设备工程的质量和安全。

五、自来水建设项目设备工程监理全流程管理工作程序

(一)设备采购阶段监理工作流程

设备采购阶段监理工作流程是确保设备采购过程规范、透明并满足项目需求的关键环节(见图3-11)。该流程开始于设备需求分析,监理人员与项目团队紧密合作,明确设备的技术规格、性能和数量要求。监理单位会协助制订设备采购计划,明确采购方式、时间表和预算。在供应商选择和招标过程中,监理单位负责审查供应商的资质、产品质量和售后服务能力,确保供应商的可靠性和合法性。当设备采购合同签订后,监理单位会监督合同的执行情况,包括设备的生产进度、质量检验和交货期等。同时,监理单位还会对设备的运输、保险等环节进行跟踪和监控,确保设备安全、完整地到达项目现场。在整个采购阶段,监理单位会保持与供应商、项目团队和其他相关方的沟通协调,及时解决可能出现的问题和风险。通过设备采购阶段监理工作流程的有效执行,可以确保设备采购的高效、合规,为项目的顺利进行奠定坚实基础。

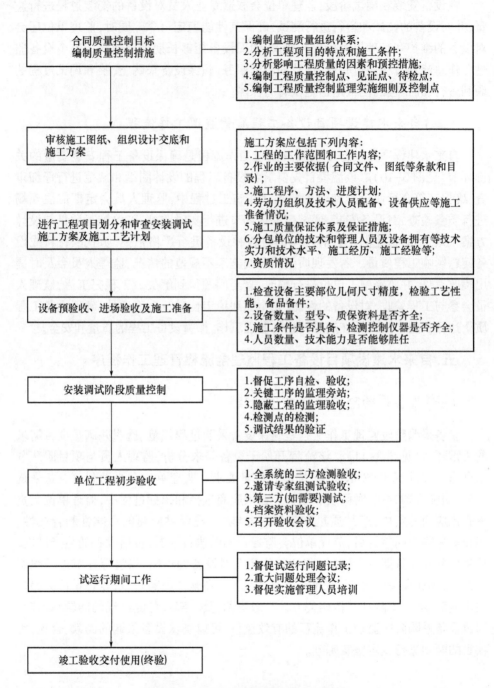

图3-10 设备工程质量监理工作流程

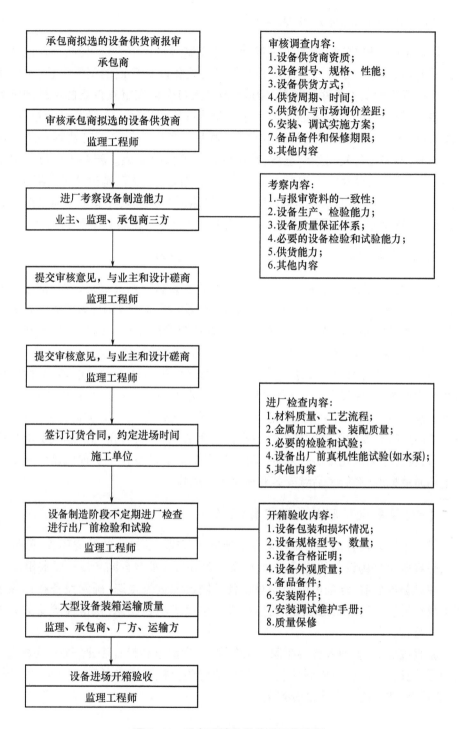

图 3-11 设备采购阶段监理工作流程

(二)设备制造阶段监理工作流程

设备制造阶段监理工作流程是确保设备在制造过程中质量可控、符合设计要求的重要环节(见图3-12)。此流程开始于对设备制造厂商的资质审核,确保其具备生产所需设备的条件和能力。随后,监理人员会详细审查设备的设计图纸和技术要求,与制造厂商沟通确认生产计划和质量控制措施。在设备制造过程中,监理人员会进行定期的质量抽查和监督,确保生产环节符合工艺流程和质量标准。同时,他们还会关注生产进度,确保设备能够按时完成。若在生产过程中发现问题,监理人员会及时提出并监督厂商进行整改。设备制造完成后,监理人员会进行全面的质量检查和验收,确保设备质量达标并符合设计要求。通过这一流程,可以有效保障设备制造的质量,为后续的设备安装和运行打下坚实基础。

(三)设备预验收监理工作流程(出厂前验收)

设备预验收监理工作流程(出厂前验收)是在设备制造完成后、发货前进行的关键环节(见图3-13),旨在确保设备质量和性能满足设计要求,为后续的顺利安装和使用提供保障。监理人员会首先审核设备制造厂商提供的自检报告和相关质量文件,确保设备在生产过程中已经通过了各项质量控制检查。

监理人员会对照设计要求和合同条款,对设备进行详细的功能测试、性能评估和外观检查,确保设备在出厂前已经达到预定的质量标准。在预验收过程中,如果发现任何问题或不符合项,监理人员会及时记录并与厂商沟通,要求其在设备发货前进行必要的整改和修复。只有经过预验收合格,并得到监理人员的书面确认后,设备才能被允许出厂发货。这一流程确保了设备在发货前就已经达到了一定的质量标准,降低了后续安装和使用中的风险。

(四)设备进场验收监理工作流程

设备进场验收监理工作流程是设备到达项目现场后进行的关键环节(见图3-14),旨在确保进场设备的质量、数量以及相关资料与采购合同和设计要求相符。

在设备进场前,监理单位会先对设备运输过程进行跟踪,确保设备在运输过程中没有受损。设备到达现场后,监理人员会组织项目团队、供应商等相关方进行联合验收。

验收过程中,监理人员会对照采购合同、发货清单和设计图纸,逐一核查设备的型号、规格、数量以及外观质量。同时,他们还会检查设备的随车资料,如合格证、质保书、使用说明书等是否齐全。

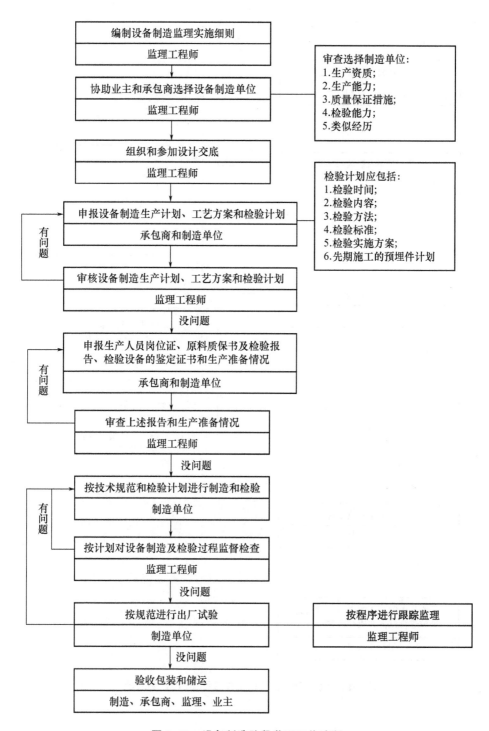

图 3-12　设备制造阶段监理工作流程

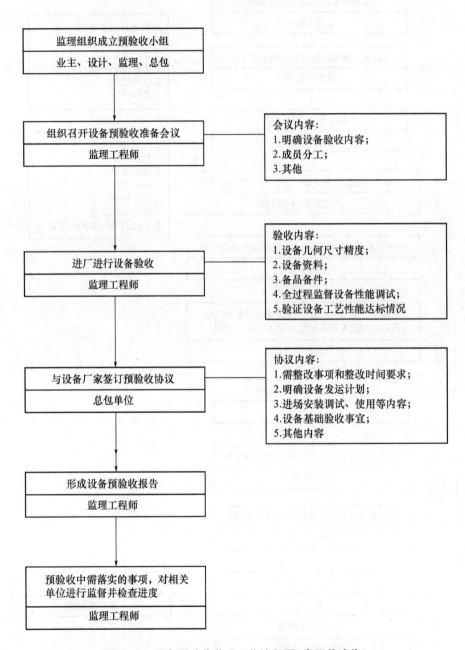

图 3-13　设备预验收监理工作流程图(出厂前验收)

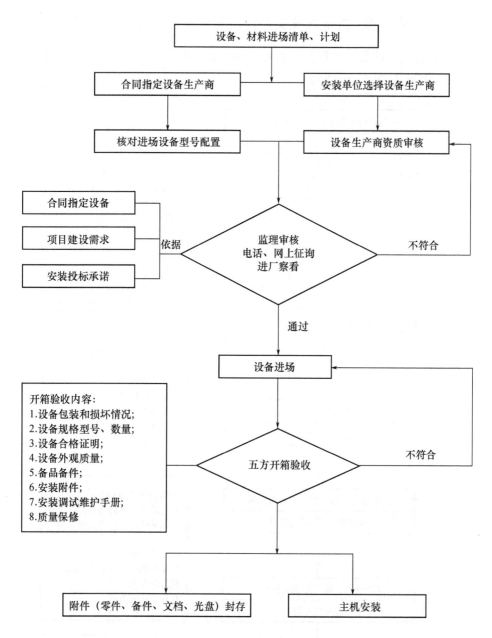

图3-14 设备进场验收监理工作流程图

若发现设备有损坏、缺失或资料不全等问题,监理人员会及时记录并与供应商协商解决方案。只有当设备完全符合要求后,监理人员才会出具进场验收合格证明,允许设备正式投入使用。这一流程确保了进场设备的质量和完整性,为后续的设备安装和调试工作提供了有力保障。

（五）设备安装、调试及试运行阶段监理工作流程

设备安装、调试及试运行阶段监理工作流程是确保设备正确安装、功能正常运行的关键环节（见图3-15）。

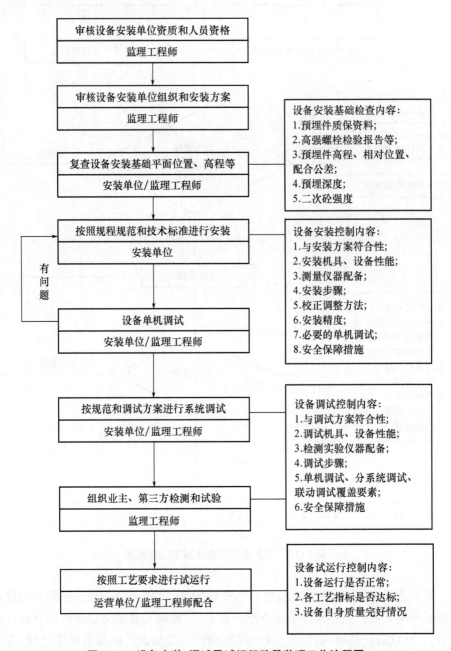

图3-15 设备安装、调试及试运行阶段监理工作流程图

监理人员会先审核设备安装方案,确保其合理性与安全性。在安装过程中,他们会对设备的定位、固定及接线等细节进行严密监督,确保每一步操作都符合规范和设计要求。

安装完成后,进入调试阶段。监理人员会密切关注设备的各项参数设置,与技术人员紧密合作,确保设备在调试过程中稳定运行、各项性能指标均达到预期。

试运行阶段是对设备整体性能的全面检验。监理人员会记录设备运行数据,及时发现并处理潜在问题,确保设备在实际使用中能够安全、高效地运作。整个流程中,监理人员的严格监督和专业指导,为设备的稳定运行提供了有力保障。

(六)设备工程终验收监理工作流程

设备工程终验收监理工作流程是在设备安装、调试及试运行全部完成后进行的重要步骤,旨在确保设备工程整体的质量和性能达到预期标准(见图 3-16)。监理人员会组织项目团队、供应商和业主代表共同参与终验收工作。首先,监理人员会对设备的各项性能指标进行逐一核查,确保其满足设计要求和相关标准。同时,他们还会对设备的安装质量、接线规范等方面进行全面检查,确保设备的安全性和稳定性。除此之外,监理人员还会审查相关的竣工资料和技术文档,确保其真实、完整。

在终验收过程中,如果发现任何问题或不符合项,监理人员会及时提出并要求相关方进行整改。只有当所有问题都得到妥善解决,设备工程的质量和性能得到充分验证后,监理人员才会出具终验收合格证明。这一流程不仅保障了设备工程的质量和性能,也为后续的运营和维护工作奠定了坚实基础。

(七)工程验收监理程序

工程验收监理程序是确保工程项目顺利完成并达到预期质量标准的关键环节(见图 3-17)。该程序要求监理人员在工程完工后,组织相关方进行全面的验收工作。监理人员会审查施工单位提交的竣工资料和自检报告,确保施工过程的合规性和质量控制的有效性。接着,他们会制定详细的验收方案,明确验收标准、方法和程序。在实地验收过程中,监理人员会对工程的各项质量指标进行严格检查,包括结构安全、使用功能、外观质量等方面。同时,他们还会关注工程细节,确保各项设施设备安装正确、运行正常。若发现质量问题或不符合设计要求的情况,监理人员会及时提出整改意见,并监督施工单位进行整改直至合格。最终,当工程全面符合验收标准时,监理人员会出具验收合格证明,为工程的正式交付使用提供有力保障。

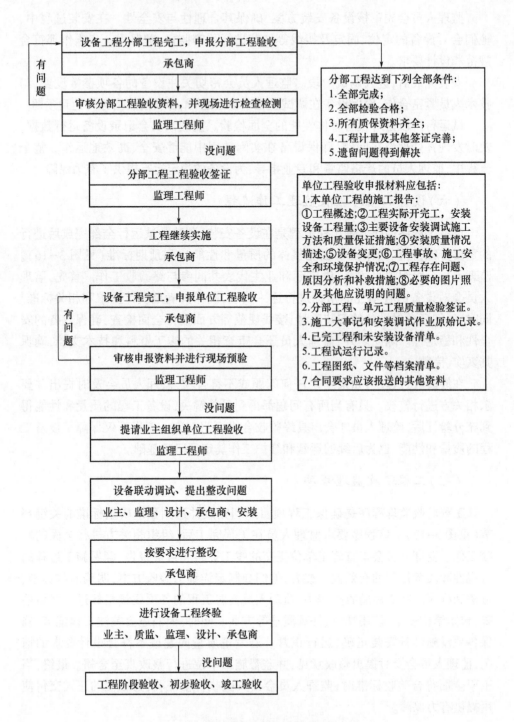

图 3-16 设备工程终验收监理工作流程图

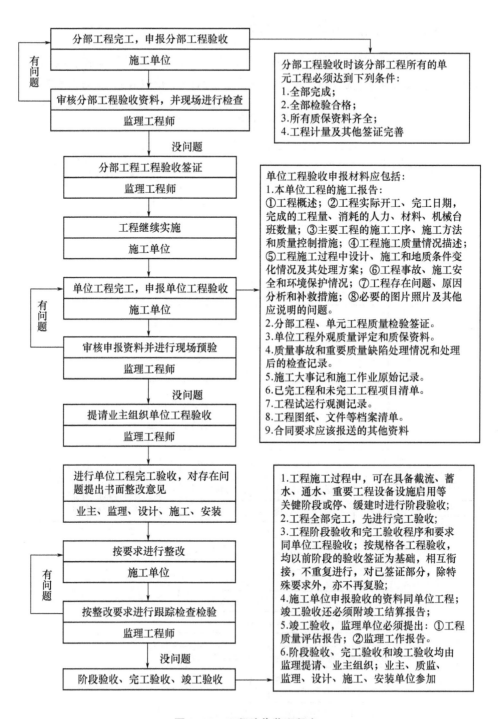

图 3-17　工程验收监理程序

(八)工程缺陷责任期监理程序

工程缺陷责任期监理程序是工程项目完工后,为确保工程质量和性能稳定而设立的一个重要环节(见图3-18)。在此期间,监理单位会持续跟踪和监控工程

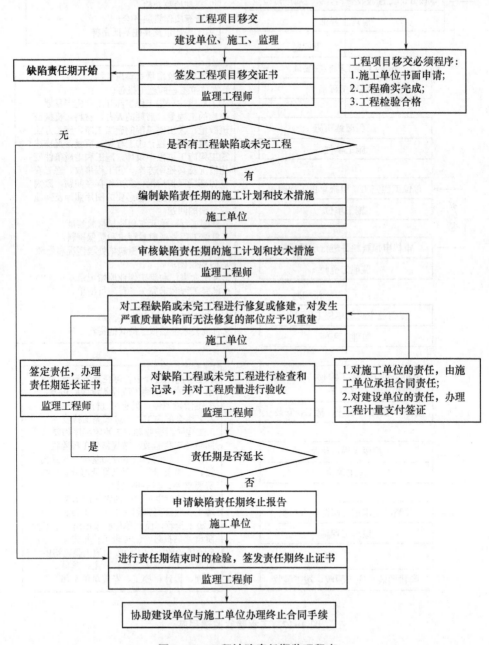

图3-18 工程缺陷责任期监理程序

的运行情况,及时发现并处理潜在的问题和缺陷。监理人员会定期巡查工程现场,对各项设施进行细致的检查,确保其正常运行且符合设计要求。一旦发现任何缺陷或异常情况,他们会立即记录并通知施工单位进行修复。同时,监理单位还会与业主保持紧密沟通,及时反馈工程的使用情况和性能表现。在缺陷责任期结束时,监理单位会出具详细的监理报告,总结在此期间的工作成果和存在的问题,为后续的维护和运营提供宝贵建议。

六、地基工程监理程序

(一)PHC桩成品管桩验收监理程序

根据多年来在供水项目中的大量实践经验,一般此类项目会运用到预制桩、钻孔灌注桩、搅拌桩、SMW工法桩、高压旋喷桩及劲性复合桩等(见图3-19)。

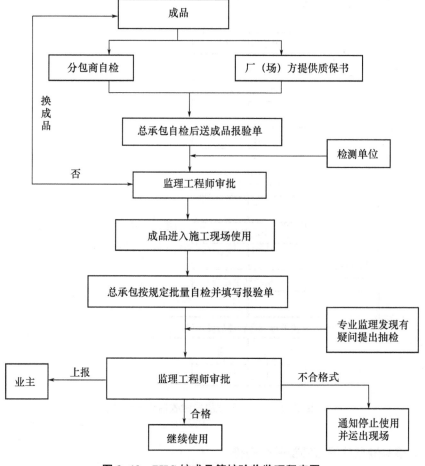

图3-19 PHC桩成品管桩验收监理程序图

(二)沉桩工程质量验收监理程序

1. 检查质保资料片

检查质保资料片是验证预制桩质量的第一步,通过仔细审查质保资料片,我们可以初步了解产品的生产标准、质量控制措施以及原材料的来源等信息,从而确保产品符合规范要求(见图3-20)。

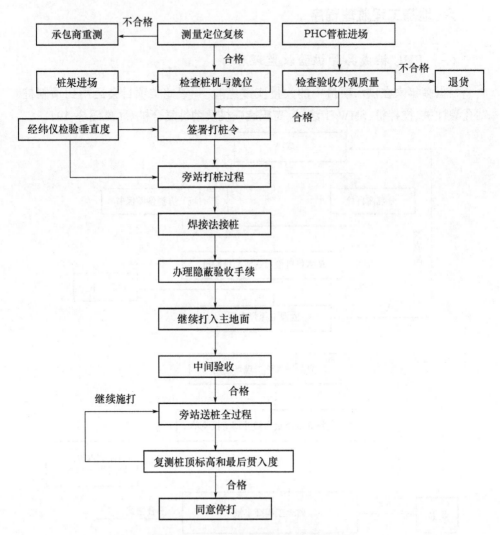

图3-20 沉桩工程质量验收监理程序图

2. 核对进场单据与实物是否相符

该步骤旨在防止货不对版,确保进场的预制桩与采购清单、质量证明文件等单据所描述的一致,避免出现替换或混杂的情况。

3. 检查外观

外观检查可以直观地反映预制桩的质量状况。我们应检查桩身是否有裂缝、变形、破损等缺陷,桩头桩尾是否平整,以及表面的混凝土是否均匀、是否有蜂窝麻面等现象。

4. 合理的场地堆放

预制桩在施工现场的堆放也是保证其质量的重要环节。堆放场地应平整、坚实、无积水,桩应分类堆放整齐,且堆放高度不宜过高,以防发生倒塌或损坏。同时,应做好防晒、防雨等措施,以防预制桩因环境变化而受到影响。

(三)钻孔灌注桩质量验收监理程序

沉桩是确保建筑物稳定性和安全性的关键环节,通常选用静压桩机来完成这一任务(见图3-21)。在实施过程中,首先要精确确定桩位,这是沉桩的基础。然后,根据工程需求和地质条件,选择适合的桩机以确保施工效率和质量。同时,接桩人员必须持有相应证书,而焊条的质量也至关重要,它们直接关系到焊缝的强度和耐久性。在沉桩过程中,旁站监督是必不可少的,要密切关注桩的垂直度、深度、顶标高以及焊缝的质量。特别是群桩的沉桩顺序,需要合理安排以释放应力,同时严密监测顶标高的变化。这一系列精细的操作和控制,都是为了确保沉桩的准确性和稳固性,从而为建筑物打下坚实的基础。

(四)搅拌桩质量验收监理程序

钻孔灌注桩是建筑施工中常用的一种深基础形式,其施工过程中需严格控制多个要点以确保施工质量和安全。钢筋作为灌注桩的骨架,其质量直接关系到桩的承载能力和稳定性,因此必须严格把控钢筋的材质和规格。选择合适的桩机也是关键,它不仅能提高施工效率,还能确保钻孔的准确性和桩身的垂直度。钢筋笼的制作情况同样不容忽视,其结构要合理,焊接要牢固,以保证在浇筑混凝土时不会发生变形或移位。在钻孔灌注桩的施工过程中,"一清、二清、浇筑"是重要的施工步骤,一清是清理孔底的沉渣和碎石,确保孔底干净;二清是进一步清理和检查孔壁的稳定性和垂直度;最后的浇筑环节要控制混凝土的配比和浇筑速度,以确保桩身的质量。这一系列实施要点都是为了确保钻孔灌注桩的施工质量和安全,为建筑物提供稳固的基础(见图3-22)。

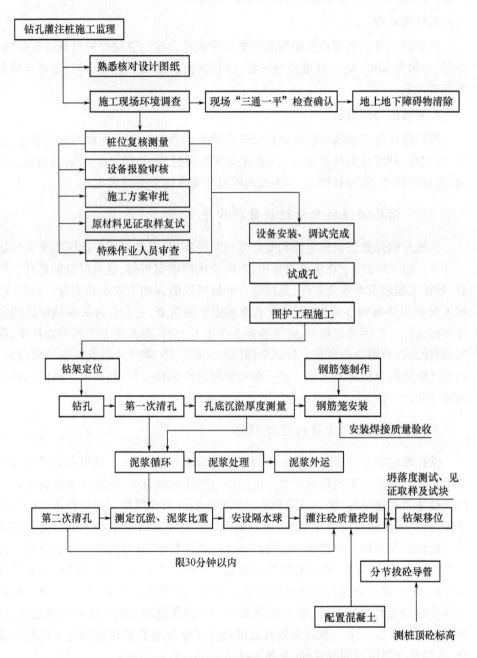

图 3-21 钻孔灌注桩质量验收监理程序图

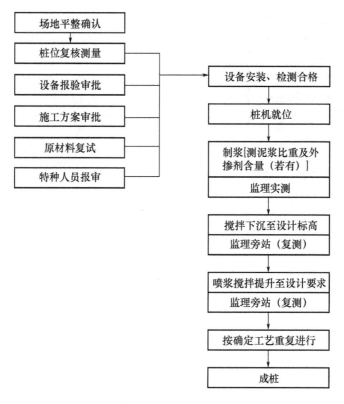

图 3-22　搅拌桩质量验收监理程序图

（五）SMW 工法桩质量验收监理程序

搅拌桩的施工是地基处理中的重要环节,其施工过程中有几个关键要点需要严格控制。首先,水泥的质量是确保搅拌桩强度的基石,必须选择质量上乘、符合国家标准的水泥。其次,精确定位桩位是保证搅拌桩位置准确、避免偏差的基础,这直接影响到桩的承载能力和整体结构的稳定性。在选择桩机方面,要根据工程的具体需求和地质条件进行合理选择,以确保施工效率和质量。在搅拌桩的施工过程中,泥浆的比重、压力、深度和下沉速度是需要精细控制的参数,它们对于形成均匀、密实的搅拌桩至关重要。最后,合理的沉桩顺序能够有效减少施工中对周围土壤和已施工桩的扰动,从而保证整体工程的质量和安全。这一系列施工要点都是为了确保搅拌桩的施工能够达到设计要求,为建筑物提供稳固的基础(见图 3-23)。

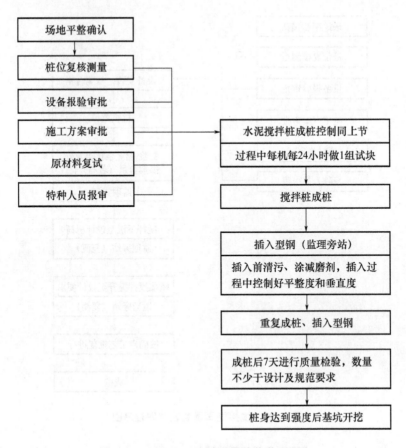

图 3-23 SMW 工法桩质量验收监理程序

七、盛水构筑物满水试验质量监理程序

在进行盛水构筑物的满水试验时,质量监理程序至关重要,以确保构筑物的密封性和稳定性。该程序大致可以分为以下几个步骤(见图 3-24):

(一)试验前准备

监理人员需核实池体的混凝土或砖石砌体的砂浆已达到设计强度要求,并确保池内外缺陷已修补完毕。同时,要检查预留孔洞、预埋管口等是否已做临时封堵,并验证其能承受试验压力。此外,还要确保试验用的充水、充气和排水系统的准备情况,以及各项安全措施的落实情况。

(二)注水过程监理

注水时应按照规定的速度和时间进行,通常分三次注水,每次为设计水深的

1/3,且注水速度不应超过规定标准。监理人员需记录每次注水后的水位变化,并计算渗水量。在注水过程中和注水后,应对池体进行外观检查。

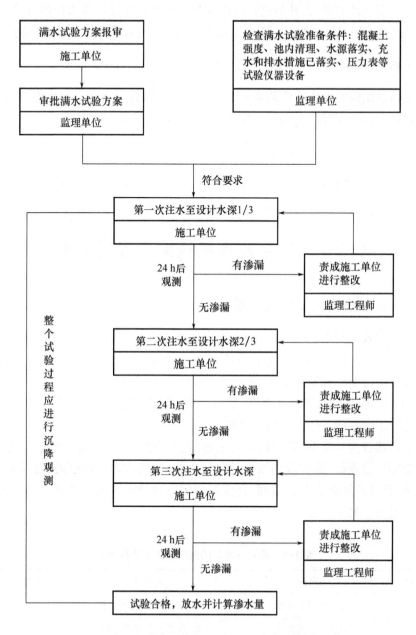

图3-24 盛水构筑物满水试验质量监理程序

（三）水位观测与蒸发量测定

注水至设计水深后，开始进行水位观测。利用水位标尺和水位测针来观测和记录水位值，确保读数精确。同时，如果池体无盖，还需进行蒸发量的测定。

（四）结果判定与问题处理

根据观测到的水位变化和渗水量来判断构筑物的密封性。如果发现问题，如渗水量过大，应立即停止注水，并妥善处理后再继续试验。

（五）试验总结与报告

试验结束后，监理人员应整理试验数据，编写试验报告，并对试验结果进行评估。报告应包括试验过程、观测数据、问题处理及最终结论等内容。

第二节　项目监理机构岗位设置和职责

一、项目监理机构岗位设置

为了有效地实施监理工作，顺利地完成业主委托的监理任务，确保合同的实现，针对项目的实际情况，组建了项目监理部（见表3-1）。监理部的组织机构系统是在业主的领导和监督下，按总监理工程师负责制的原则，现场设专业监理组、工程测量监理、安全文明施工管理、信息管理、合同、进度、投资控制等项目组作为控制整个工程各项工作开展的监理系统。

水厂建设为复杂系统项目，项目内容多、工序杂，涉及土建、设备、信息化等，故组建项目监理部，除常规的安全、测量、土建、信息监理工程师外，还需在设备、信息化、环境监测配齐专业监理，必要时还需建立专家顾问。奉贤一水厂的监理部机构设置了如下岗位。

表3-1　奉贤一水厂的监理部机构岗位设置

序号	岗位	岗位职责	高峰时人数
1	总监理工程师	全面负责监理工作	1
2	总监理工程师代表	协助总监负责监理工作	2
2	安全监理工程师	现场施工安全监督	3
3	测量监理工程师	工程测量复核	2
4	土建专业监理工程师	现场土建施工监理	8

续表 3-1

序号	岗位	岗位职责	高峰时人数
5	设备专业监理工程师	设备安装监理	6
6	信息化监理工程师	信息化管理	1
7	见证员	材料取样见证	1
8	信息监理	资料信息管理	1
9	环境监理工程师	环境监理	1
10	造价工程师	工程投资监理	1
11	咨询工程师	合同管理	1
12	专家顾问	技术支持	1

二、监理部的组织机构框架

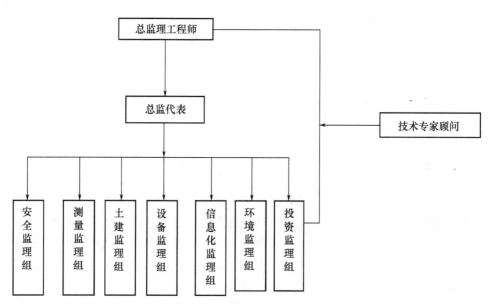

图 3-25 监理部的组织机构框架

三、项目监理机构的人员岗位职责

(一)总监理工程师岗位职责

1. 项目全面监督与管理

总监理工程师作为监理部的全权负责人,肩负着对工程进行全面监督和管理的重任。这一岗位的核心职责是确保工程质量和进度符合与业主签订的监理委托合同中的规定。为此,总监理工程师需要全面了解和掌握工程的各个方面,从审查工程设计图纸和有关工程设计文件,到组织设计技术交底,每一个环节都需要他们的严谨把关。

在项目的实施过程中,总监理工程师还要对施工单位提交的施工组织设计和施工进度计划进行审批,对施工方案和技术措施提出改进意见。同时,他们还需要根据实际情况,向施工单位发布开工、停工、复工、返工等命令,确保工程的顺利进行。此外,总监理工程师还肩负着审查签认工程月进度款支付申请的重要职责,这要求他们具备丰富的专业知识和敏锐的洞察力,能够准确评估工程的进度和质量,确保资金的合理使用。

2. 沟通与协调

沟通与协调是总监理工程师工作中的另一大重点。他们需要保持与业主单位的密切联系,充分了解和掌握业主的意图和愿望,适时提供有关咨询和建议。这不仅要求总监理工程师具备良好的沟通技巧,还需要他们对工程有深入的理解,能够根据业主的需求提供有针对性的建议。同时,总监理工程师还需要主持召开各种协调会议,如生产协调会、重大工程技术问题和工程质量事故调查及处理会议等。在这些会议上,他们需要充分发挥自己的协调能力,平衡各方利益,推动问题的解决。

3. 团队管理与领导

作为监理部的领导者,总监理工程师还需要承担起团队管理与领导的责任。他们需要审定颁布监理部的各项管理制度,选聘、任命、指导、协调、检查、考核各监理人员的工作。这不仅要求总监理工程师具备卓越的管理能力,还需要他们有足够的领导魅力,能够激发团队成员的积极性和创造力。在团队管理过程中,总监理工程师还需要及时解决监理工程师提出的重大技术和质量问题,纠正监理工程师的错误。这需要他们具备丰富的专业知识和敏锐的判断力,能够迅速准确地做出决策。

(二) 专业监理工程师岗位职责

1. 专业监理工作的执行与监督

专业监理工程师的首要职责是执行并完成总监理工程师委托的各项任务。这要求他们不仅需要深入了解合同条款、监理规划、监理实施细则等相关文件,还要对施工技术文件、图纸及其相关规定有全面的掌握。只有这样,才能在监理工作中确保每一项决策和行动都符合工程要求和监理标准。

在监督、检查、核准分管工程的全部作业情况方面,专业监理工程师扮演着至关重要的角色。他们需要核准施工计划,核实施工组合、机械设备、材料供应等关键信息,同时还要核对施工放线成果,核查工程进度、施工质量和完成工程量。这些工作都直接关系到工程的顺利进行和质量保障。此外,专业监理工程师还需要进行现场跟踪、巡视和重点监督检查。在必要时,他们甚至需要进行全日跟班旁站监理,确保每一个施工环节都符合规范要求。这种严密的跟踪和监督,不仅有助于及时发现问题,更能确保工程的整体质量和进度。

2. 技术与质量问题处理

在施工过程中,难免会遇到各种技术和质量问题。这时,专业监理工程师需要迅速响应,及时与相关部门研究处理方案。对于重大的技术问题或质量事故,他们必须立即向组长和总监理工程师报告,并提出有效的补救措施或意见。这种快速而准确的应对能力,对于保障工程的顺利进行至关重要。同时,专业监理工程师还需要参加各种技术交底、施工方案讨论、施工协调等会议和工作。这些活动不仅有助于他们更全面地了解工程的各个方面,还能为他们提供一个与各方沟通交流的平台,从而更好地协同工作,解决工程中遇到的各种问题。

3. 文档管理与指导工作

除了上述职责外,专业监理工程师还需要负责一系列与文档管理和指导工作相关的任务。例如,他们需要审查分管项目施工单位的自检报告、竣工报告和竣工资料,并签署分管项目的验收证明。这些工作不仅要求他们具备严谨细致的工作态度,还需要对工程资料的真实性和完整性进行严格的把关。此外,填写、整理、汇总分管工程的监理日记和报表也是专业监理工程师的重要职责之一。这些文档不仅记录了工程的进度和质量情况,还是后续工作的重要依据。因此,专业监理工程师需要认真做好归档工作,确保这些文档的完整性和可追溯性。专业监理工程师还需要审阅监理员填写的值班记录,指导监理员的工作,并及时发现和处理分管工程在施工中出现的各种技术问题。这种指导和监督工作不仅有助于提升整个监理团队的工作效率和质量,还能为工程的顺利进行提供有力的保障。

(三)投资控制监理工程师岗位职责

1. 合同管理与投资控制

合同造价监理工程师的首要职责是熟悉建造合同,并准确理解和执行有关工程结算的条款。他们需要具备深厚的合同法律知识,以便在合同执行过程中,对合同变更、索赔及争端问题能够正确解释合同条款。同时,他们还需要从投资控制的角度出发,提出处理意见,以供总监理工程师参考。这不仅要求他们具备扎实的专业知识,还需要有丰富的实践经验和敏锐的市场洞察力。

在投资控制方面,合同造价监理工程师还需要熟悉和掌握工程施工进度计划,结合工程实际进度情况,审核施工单位的进度付款申请,并确保这些申请与合同条款相符。此外,他们还需根据业主的授权范围,审查工程实施过程中的新增项目等各项费用变更,并提出书面意见报总监审核。这些工作直接关系到工程的投资控制和效益。

2. 信息收集与汇报

信息收集与整理是合同造价监理工程师的另一项重要职责。他们需要收集工程所在地有关人工、材料、机械台班的价格及各种税费资料,并通过对这些资料的分析,掌握工程投资状况,为总监和业主提供有价值的参考信息。这些信息不仅有助于更好地进行投资控制,还能为后续的决策提供依据。同时,了解和掌握施工单位在工程实施过程中的人力、材料、机械使用情况也是他们的职责之一。通过协同专业监理工程师审查施工单位填报的工程结算表及材料用量表,可以确保工程的实际成本与预算相符。合同造价监理工程师还需要定期向总监理工程师汇报工作情况,这不仅有助于让上级了解工程的最新进展和投资情况,还能及时发现和解决问题。同时,他们还需要承担总监理工程师委派的其他任务,以确保工程的顺利进行。

(四)测量监理工程师岗位职责

1. 专业测量监理与审查核实

测量监理工程师的首要职责是熟悉建造合同中的相关要求,包括工程布置、主要建筑物的结构形式、体型尺寸及设计技术要求。这些信息的掌握是进行测量监理工作的基础。同时,他们需要熟悉施工图纸,并根据工程施工组织设计、进度计划和设计技术要求,制订专业测量监理工作计划和监理实施细则。这要求测量监理工程师不仅具备扎实的专业知识,还需要有灵活应用这些知识的能力。

在执行测量监理工作时,他们需要掌握施工三角控制网和测量基准点的相关信息,及时向施工单位移交相关资料,并进行现场校验。同时,他们还需要对施工单位的测量技术设计与方法进行审查,监督、检查施工单位的测量工作,并对其测量成果进行审批。这些工作都是确保工程测量准确性和工程质量的重要环节。测量监理工程师还负责审查和核实施工单位提供的收方工程量,协助投资控制监理工程师审核施工单位报送的工程结算表。这一职责不仅要求他们具备严谨的审查态度,还需要有准确的核实能力,以确保工程量的真实性和准确性。

2. 沟通与汇报

除了专业测量监理工作外,测量监理工程师还需要具备良好的沟通能力和汇报能力。他们需要参加相关的生产协调会议,参与审查施工单位报送的各类报告和资料,如工程测量报告、质量自检报告、竣工报告等。在这些会议和审查过程中,他们需要与各方进行有效沟通,明确表达自己的观点和建议。同时,他们还需要定期向总监理工程师汇报工作情况,填报相关记录和报表。这些汇报材料不仅需要全面反映测量监理工作的进展和成果,还需要对存在的问题和困难进行客观分析,并提出相应的解决方案。通过这些沟通和汇报工作,测量监理工程师能够更好地履行职责,确保工程测量监理工作的顺利进行。

(五)安全、文明施工监理工程师岗位职责

1. 规章制度的制定与执行

安全、文明施工监理工程师的首要职责是结合工程具体情况,制定安全文明施工监理实施细则。这需要他们对工程项目有深入的了解,能够根据实际情况制定出一套行之有效的安全文明施工标准。同时,他们还需要检查、督促施工单位完善相关的组织和技术保障体系,确保施工单位有明确的组织领导和具体的巡视检查人员来负责安全文明施工的执行。此外,安全、文明施工监理工程师还需要检查、督促施工单位完善关于安全文明施工和环境保护的规章制度,并要求施工单位将这些规章制度用醒目的标牌布置于现场,以便所有施工人员都能清楚了解并遵守。这些规章制度的制定和执行,对于确保施工现场的安全和文明至关重要。

2. 现场监督与汇报

除了规章制度的制定和执行外,安全、文明施工监理工程师还需要对施工现场进行全面的监督和指导。他们需要定期巡视施工现场,检查施工现场的安全文明施工情况,确保各项规章制度得到有效执行。对于特殊工艺、工种的施工人员和施工机械,他们还需要进行全面检查和巡视监督,确保这些特殊环节也能符合安全文明施工的要求。同时,安全、文明施工监理工程师还需要定期向总监理工程师汇报各标段的安全文明施工工作情况。他们需要填报相关的记录和报表,详细反映施工现场的安全文明施工情况,以便总监理工程师能够全面了解并掌握施工现场的最新动态。通过这些汇报,总监理工程师可以及时发现并解决存在的问题,确保施工现场始终保持安全、文明的状态。

(六)信息监理工程师岗位职责

1. 信息管理与沟通协调

信息监理工程师的首要职责是熟悉监理项目的相关合同文件、图纸以及监理规划等,这是进行信息管理工作的基础。他们需要对工程各方信息进行统一分类和编码,确保信息的准确性和高效性。在此基础上,信息监理工程师还需负责沟通和协调与业主单位的信息网络,确保信息的畅通无阻。同时,信息监理工程师

要及时做好监理部文档的设计、编辑、打印和传递工作,保证工程相关信息的及时更新和准确传递。他们还需要协同专业监理工程师调查统计工程各方的资源、生产、技术、经济等计划和实施信息,进行分类、加工、分析处理,从而为工程监理提供有力的决策支持。

2. 技术支持与软件开发

除了信息管理外,信息监理工程师还需要承担一定的技术支持工作。他们需要负责计算机软件硬件的使用和维修,确保监理工作的顺利进行。同时,信息监理工程师还需要整理、优化和开发有关工程监理的系统软件,提升工程监理的效率和准确性,更好地为工程建设监理服务。

(七)监理员岗位职责

1. 施工监督与质量控制

监理员的首要职责是熟悉分管监理项目的合同文件、设计图纸等相关资料,并在项目监理工程师或专业监理工程师的领导下开展工作。他们需要监督检查施工单位的各项施工活动,全面掌握分管工程的施工程序、方法、进度以及投入的人力、材料、机械设备等情况,并做出详细的记录。在施工过程中,监理员还需监督施工单位落实质保措施、安全措施以及文明施工的相关要求,确保施工过程的安全性和质量。他们通过在施工现场巡视、旁站和检测,对监理项目的全过程施工质量进行监督和控制,及时发现并纠正施工中存在的违章作业现象,从而保障施工质量和安全。

2. 记录汇报与协助工作

除了对施工过程进行监督和控制外,监理员还需要填写监理工作日志或值班报告,及时向监理工程师汇报施工有关情况和问题,并提出相应的建议和意见。这些汇报和建议有助于监理工程师全面了解施工现场的最新动态,及时发现问题并制定相应的解决方案。监理员还需要协助测量、试验专业监理工程师对施工单位的施工放样进行复测与抽样试验,以确保施工精度和质量。他们还需要审查施工单位报送的单元工程、隐蔽工程等各工序的自检资料,并进行复检,合格后向项目监理工程师报告,以便组织验收工作。

(八)旁站监理的主要职责及要求

1. 旁站监理的主要职责

旁站监理在施工前需仔细检查施工企业现场质检人员是否到岗,特殊工种人员是否持有相应的上岗证,同时核查施工机械和建筑材料的准备情况。在施工过程中,他们需要现场跟班监督关键部位和工序,确保施工方案和工程建设强制性标准得到严格执行。此外,旁站监理还负责检查进场的建筑材料、建筑构配件、设备和商品混凝土的质量检验报告,并可在现场监督施工企业进行检验或委托有资格的第三方复验。为保障工程质量和安全,旁站监理还需详细记录监理过程和保存原始资料。这些核心职责共同构成了旁站监理对施工过程的全面监督和控制。

2. 旁站监理的基本要求

（1）事前准备与现场监督

旁站监理人员在施工前需要充分准备,包括熟悉施工图纸、掌握相关的工艺技术标准,以及了解施工方案和措施。这些准备工作是为了确保旁站监理工作能够有效进行。同时,监理人员还需督促施工单位落实现场质保体系,检查施工单位的质量管理体系,并确保施工单位的现场管理人员和质检人员在岗,从而构建一个完善的质量管理环境。

（2）跟班监督与应急处理

在施工现场,旁站监理人员需要认真履行职责,对关键部位和关键工序进行跟班监督。他们应督促施工单位严格按照设计、规范以及已批准的施工方案和监理细则进行施工。在旁站监理过程中,一旦发现质量问题,监理人员需要及时处理和记录。此外,如果监理人员发现施工人员违反工程建设强制性标准,他们有权责令施工单位立即整改。若施工活动已经或可能危及工程质量和施工安全,监理人员应立即向监理工程师或总监理工程师报告,并采取相应的应急措施,如下达局部暂停施工指令,同时报告给业主单位。对于拒绝按照监理指令进行整改的情况,监理人员需进一步向业主和有关行政主管部门报告,以确保问题得到及时解决,保障工程的顺利进行。

第四章 自来水厂建设项目质量、进度、造价、合同等控制措施及监理程序

第一节 自来水厂建设项目质量监理措施

一、自来水厂建设项目质量控制方法

(一)施工准备阶段的质量控制方法和措施

1. 检查审核施工单位的质量保证体系

施工单位的质量保证体系是控制和实现工程质量目标的重要因素。工程一开始,监理就必须要求施工单位建立一个完整的以自检为主的工程质量保证系统。

(1)审查承包单位的资质,包括企业的营业执照、资质等级证书、信誉、经营经验以及设备的配备、对合同的履行能力等进行调查审核,必要时对材料、设备供应单位的质保体系跟踪到产地或厂家进行调查核实。总包单位选择的分包单位必须得到监理和业主的同意。主体工程不允许分包。

(2)督促施工单位建立公司、项目部、施工班组的三级管理体系。实行持证项目经理负责制,项目经理必须常驻现场。施工现场必须有专职的技术负责人、施工员、质量检查员、材料员、测量员、安全员、资料员。抹灰、木工、水电工等关键技术工种,班组长必须具备多年的施工经验。各级管理体系人员在相应工种(工序)开工前半日必须到位,并进行相应的技术交底,否则监理不允许该工种(工序)开工。项目的组织网络图和相关人员的联系方法必须张贴上墙。

(3)要求施工单位在组织机构中明确相应的岗位职责,并采取相应的组织管理和技术管理措施,对施工管理体系实行动态管理。对责任心不强、工作不到位、工作屡出差错的施工管理人员,监理有权要求撤换。

2. 检查审核施工单位的施工组织设计和施工技术措施

工程施工组织设计、施工专项方案和施工技术措施,既是保证工程进度的需要,又是控制和保证工程质量的依据。为了搞好工程的施工进度和质量,工程一开始,监理部就必须要求施工单位做一个详细的施工组织设计及各分项工程的施工技术措施。

3. 组织设计交底和图纸会审

施工图纸是项目施工实施和监理进行质量检查控制的依据。工程施工前,协助业主组织设计单位向施工单位进行工程设计的技术交底,对工程实施过程中可能出现的问题做详细的研究和讨论,使工程能准确地按设计实施。

4. 审查工程项目划分方案和质量检查检验表式

为保证工程顺利开展,使工程质量检查检验工作环节严密,便于工程质量的统计分析、评估和鉴定,要求施工单位根据工程设计和施工组织设计及施工方案,编拟工程项目的划分和编码方案及其检验程序,同时确定工程质量检验评定表式。

5. 检查和控制原材料及半成品的质量

原材料和半成品的质量是工程质量好坏的先决条件,对它们的检查和验收是控制工程质量的重要环节。为此,对工程所用的原材料及半成品的品种、牌号、规格、数量、重量、出厂日期、出厂合格证、厂家的品质试验报告、质量保证书、使用证等进行严格的审查和验收。钢筋、水泥、砂石料等主要材料到场后,要求施工单位必须在监理工程师的监督见证下,送具备对外检测资质的专业检测机构进行复试。各种材料要按不同品种、不同规格、不同标号、不同进场时间分别堆放,竖立标志,不能混存混用。严禁不合格的材料在工程上使用。

6. 施工机械和器具检查

施工机械和器具是保证施工进度及其正常运用的条件。施工单位的施工组织设计或施工技术措施,必须申报施工机械进场的种类、数量和机械的完好程度,计划使用的施工机具要能满足工程需要,而且要有一定的机动能力。在施工过程中能按施工需要及时增调机械设备进场,以满足工程进度的要求。

(二)施工实施阶段的质量控制措施

1. 待检点、见证点等质量控制点设置

为了更好地检查检测施工情况,实现工程质量目标,施工过程必须设置若干待检点、见证点等质量控制点以控制工程质量。

2. 工序质量控制

现场施工质量检验是工程质量控制的主要手段,为此需建立了一套完整的工程质量检验控制程序。程序规定:工程开工前,施工单位必须有开工申请报告,监理审核认为符合开工条件,批准后才能开工。每道工序、每一个分项工程施工完成,施工单位必须进行"三检",即班组负责人或兼职质检员进行初检,施工单位专职质检员进行复检,承建单位技术负责人进行终检。在"三检"基础上报监理复核。监理则根据情况采用仪器复核和现场实测实量等手段进行检测。上一道工序未经监理检查签认，不准进入下一道工序的施工。对于重要部位还要求施工单位提交专题施工方案，经监理审查认定施工工艺和技术措施均可行后，再付诸实施。在施工过程中，对影响形成工程质量的五个要素：人员素质、原材料质量、施工机械设备性能、施工工艺和技术措施、环境和气候，实施全过程动态监控。坚持以预控为主，强化技术标准的执行力度，监督施工单位严格按照设计图纸和施工规范认真完成每道工序的施工。

3. 现场巡视和旁站监理控制

现场巡视和旁站检查监督是监理检查和控制工程质量最主要的方法。监理人员需坚持每天都到施工现场进行巡视。对于隐蔽工程和基面处理及预进埋件加工处理、设备安装、设备试运行等重要工程和工序，以及容易产生质量缺陷和事故的部位和工序，则进行旁站监理。

4. 测量和试验控制

测量是对工程平面位置和几何尺寸进行控制的手段，也是工程计量支付的重要依据，应给予特别的重视并协助委托人移交与项目施工有关的测量控制网点，审查承包人提供的测量实施报告，依据监理规范要求检查和复核有关测量成果。同时需审查批准承包人按合同规定进行的材料、工艺试验及确定各项施工参数的试验。试验包括原材料、半成品等性能和强度试验及环境试验、功能测试等。

（三）工程质量的验收和评估控制措施

1. 隐蔽工程验收质量控制

隐蔽工程质量是"百年大计"最重要的工程质量部分，它直接影响工程的成败而且不可逆转。为此，应对隐蔽工程的施工进行全过程全面监控，严格要求施工单位按施工规程、规范进行施工，抓住每个施工环节，层层检查检验，一丝不苟。工程或工序完成后，需专门组织隐蔽工程验收。有问题时立即整改，该返工的坚决返工，绝不手软。坚持"未验收通过不得进行下道工序的施工"，绝对保证隐蔽工程的质量。

2. 工程阶段验收和单位工程验收质量控制

为了促使工程的顺利开展和总结经验与保证工程的运行使用，需根据工程施工的进展情况和单位工程的完成情况，适时地、及时地组织进行工程阶段验收和协助业主进行单位工程验收，有问题及时整改，从而保证整个工程质量达到目标要求。

3. 工程初验及整改质量控制

工程全部竣工结束后，监理部应积极组织和协助施工单位进行竣工验收事宜,如编写施工报告、绘制和整理竣工图纸、汇总和整理资料、提交工程竣工验收申请报告和验收资料等。同时需组织各专业监理工程师审查施工单位的质量检验报告及有关技术文件,并进行实测实量检查和验证,对整个工程的施工质量进行评估。协助业主组织工程初验。对工程初验发现的工程质量等问题,限定处理期限和明确复验日期,对验收资料的不足之处,限期补充修正。确保工程终验时达到预期的质量目标。

二、工程测量监理措施

工程测量是技术性工作,应严格遵循"先交接原始桩点,再进行施工放样并经监理复核;先检查测量人员证书和仪器证书,再进行测量放样复核;坚持放样复核不同人不同仪器;坚持 100% 放样,100% 复核"的原则。测量监理需做好以下工作:

(一)测量人员和仪器配备

监理工程师应重点检查施工单位测量人员证书和测量仪器的校正情况,并通过放样工作检验放样人员能力。一旦发现证书、人员、仪器不一致或测量人员责任心差等现象,有权要求施工单位调换。而且,项目监理部需选派具有测绘资格监理人员担任专业测量监理工程师,配备有效的测量仪器,确保监理人员专业,仪器有效。

(二)交接原始桩点

业主购买测绘部门提供的国家控制点(坐标点和水准点),移交给施工单位和项目监理部。交接单位完善《交接桩记录》,附《成果表》。并且在交接桩后,施工单位进行复核(闭合校验),项目监理部进行复核,数据吻合后方可用于工程。

(三)永久性控制点

原始桩点一般远离施工现场,而移交到现场的临时桩点(一般为木桩),易受外界干扰,极易损坏丢失。交接桩后,施工单位应及时设置永久性控制点。永久性控制点一般位于施工区域以外或受施工干扰小的区域,不得设于基坑开挖面、道路通车频繁、通视条件差的位置。控制点采用埋石标记、打桩标记、混凝土固定等方式进行固定保护。而且施工过程中,构筑物位置、标高,设备基础位置和标高等需要由永久性控制点引测,必须确保永久性控制点的数据准确且过程中未受干扰。施工和监理按月进行复核,确保点位准确。

(四)建构筑物角点、临时控制点

用于具体构筑物、管线、道路的角点和临时控制点由永久性控制点引测。施工中随用随放,施工和监理必须有放样必有复核,做到随放随复。

表4-1 桩位级别、受影响程度、复核频率

桩位级别	原桩点	永久性控制点	角点(作业区)
影响因素	影响因素较少	影响因素中等	影响因素多
控制程序	双方一次性复核通过完善交接桩手续	双方月复核一次确认桩点可用	随用随放 随放随复

（五）平面控制测量

施工单位在正式开工14个工作日前必须将布设的施工控制网整理上报监理部。监理部接到书面报告后3个工作日之内安排专业测量监理工程师利用GPS、全站仪,根据已知点成果对施工单位布设的施工控制网进行复核。其施工控制网精度应不低于一级导线测量的精度要求,即测角中误差应小于±5″,相对中误差小于1/30 000。

（六）高程控制测量

施工单位在正式开工14个工作日前必须将高程控制点自测资料整理上报监理部,监理部接到书面报告后3个工作日之内安排专业测量监理工程师利用水准仪、水准标尺,根据已知高程点对施工单位的高程控制点进行复核。其高程控制点精度应不低于四等水准测量的精度要求,即高程闭合差小于20L0.5(其中L为水准路线长)。

（七）与工艺有关的高程

水厂内,各构筑物具有工艺相关性,工艺流程按照水流重力从前构筑物流向后构筑物。需根据施工图提供的各构筑物标高信息,整理与工艺有关的高程数据。这些数据主要有:各单体桩顶标高、构筑物底板及顶板标高、进出水口标高、工艺管道中心标高、各类预埋套管中心标高等。施工中,项目监理部需重点监测这些数据,严格按照设计标高施工,确保设备安装和工艺运行要求。

（八）与监测有关的测量

水厂的监测工作大致分为两类。第一类针对安全的监测。如深基坑,在基坑开挖施工阶段进行必要的监测,确保基坑安全。项目监理部需督促第三方监测单位,按时按频率监测,及时收集监测报告;安排专业测量监理工程师进行定期观

测,一旦数据报警及时通知有关各方。第二类主要在盛水构筑物满水试验阶段安排的沉降监测。主要防止构筑物满水试验期间发生不均匀沉降现象。测量监理工程师需遵循施工、监理"一放两复"的原则进行控制。

三、原材料监理措施

原材料作为工程基础性原料,直接影响工程质量。近年来因原材料质量导致的质量缺陷和质量事故有上升趋势。加强对原材料、构配件、设备的质量控制是质量监理工作重中之重,是质量监理控制第一道防线,必须高度重视。同时,在监理过程中应建立详细的原材料管理和使用台账。

(一)材料控制要点及目标值

监理必须对进场原材料进行严格控制,其控制目标值是确保用于工程的材料100%合格,为此应按如下要点加以控制。

1. 材料的管理要求

国家对钢筋混凝土用热轧带肋钢筋、冷轧带肋钢筋、预应力混凝土用钢材(钢丝、钢棒和钢绞线)、建筑防水卷材、水泥、建筑外窗、建筑幕墙、建筑钢管脚手架扣件、人造板、铜及铜合金管材、混凝土输水管、电力电缆等产品实施工业产品生产许可证管理。工程使用上述产品时,其生产企业必须取得《全国工业产品生产许可证》(简称《生产许可证》)。

国家对建筑安全玻璃[包括钢化玻璃、夹层玻璃、(安全)中空玻璃]、瓷质砖、混凝土防冻剂、溶剂型木器涂料、电线电缆、断路器、漏电保护器、低压成套开关设备等产品实施强制性产品认证(简称 CCC 或 3C 认证)管理并采用认证标志,其生产企业必须取得《中国国家强制性认证证书》(简称 3C 证书)。

2. 材料的存储和堆放要求

施工现场堆放的材料应注明"合格""不合格""在检""待检"等产品质量状态,注明该建材生产企业名称、品种规格、进场日期及数量等内容,并以醒目标识表明,工地应由专人负责建筑材料收货和发料。

(1)钢材。建筑钢材应按不同的品种、规格分别堆放。在条件允许的情况下,建筑钢材应尽可能存放在库房或料棚内(特别是有精度要求的冷拉、冷拔等钢材),若采用露天存放,则料场应选择地势较高而又平坦的地面,经平整、夯实、预设排水沟道、安排好垛底后方能使用。为避免因潮湿环境而引起的钢材表面锈蚀现象,雨雪季节建筑钢材要用防雨材料覆盖。

(2)水泥。水泥在储存和运输过程中,按不同强度等级、品种及出厂日期分别储运。水泥储存时应注意防潮,地面应铺设防水隔离材料或用木板假设隔离层。袋装水泥的堆放高度不得超过 10 袋。

（3）黄砂。在运输、装卸和堆放过程中，应防止颗粒离析、混入杂质，并应按产地、种类、规格分别堆放。

（4）碎石。在运输、装卸和堆放过程中，应防止颗粒离析、混入杂质，并应按产地、种类、规格分别堆放。碎石或卵石的堆料高度不宜超过 5 m，对于单粒径或最大粒级不超过 20 mm 的连续粒级，其堆料高度可增加到 10 m。

（5）块石。在运输、装卸和堆放过程中，应防止散滚，堆放场地应坚固、平整，按规范要求堆放。

（6）墙体材料。墙体材料应按不同的品种、规格和等级分别堆放，垛身要稳固、计数必须方便。有条件时，墙体材料可存放在料棚内，若采用露天存放，则堆放的地点必须坚实、平坦和干净，场地四周应预设排水沟道、垛与垛之间应留有走道，以利搬运。堆放的位置既要考虑到不影响建筑物的施工和道路畅通，又要考虑到不要离建筑物太远，以免造成运输距离过长或二次搬运。空心砌块堆放时孔洞应朝下，雨雪季节墙体材料宜用防雨材料覆盖。而且自然养护的混凝土小砌块和混凝土多孔砖产品，若不满 28 天养护龄期不得进场使用；蒸压加气混凝土砌块（板）出釜不满 5 天不得进场使用。

（7）商品砂浆。

①预拌砂浆。预拌砂浆运至储存地点后除直接使用外，必须储存在不吸水的密闭容器内。储存地点的气温，最高不宜超过 37 ℃，最低不宜低于 0 ℃，夏季应采取遮阳措施，冬季应采取保温措施。砂浆装卸时应有防雨措施。储存容器标识应明确，应确保先存先用，后存后用并在规定时间内使用完毕。严禁使用超过凝结时间的砂浆，禁止不同品种的砂浆混存混用。储存容器应有利于储运、清洗和砂浆装卸，用料完毕后应立即清洗储存容器，以备再次使用。

②干粉砂浆。不同品种和强度等级的干粉砂浆应分别储存，不得混杂。袋装干粉砂浆的保质期为 3 个月，散装干粉砂浆必须在专用封闭式筒仓内储存，筒仓应有防雨措施，储存期不超过 3 个月。

（8）防水卷材。不同品种、型号和规格的卷材应分别堆放并贮存在阴凉通风的室内，避免雨淋、日晒和受潮，严禁接近火源。避免与化学介质及有机溶剂等有害物质接触。沥青防水卷材贮存环境温度不得高于 45 ℃，且宜直立堆放，其高度不宜超过两层，并不得倾斜或横压，短途运输平放不宜超过四层。

不同品种、规格的卷材胶黏剂和胶黏带，应分别用密封桶或纸箱包装并贮存在阴凉通风的室内，严禁接近火源和热源。

（9）防水涂料。不同类型、规格的产品应分别堆放，不应混杂，防止碰撞，注意通风，并避免雨淋、日晒和受潮，严禁接近火源。

（10）建筑涂料。建筑涂料在储存和运输过程中，应按不同批号、型号及出厂日期分别储运；建筑涂料储存时，应在指定专用库房内，应保证通风、干燥、防止日光直接照射,其储存温度介于5 ℃~35 ℃。若存放时间过长,需经过试验才能使用。而且溶剂型建筑涂料的存放地点还必须防火,满足国家有关的消防要求。对未用完的建筑涂料应密封保存,不得泄漏或溢出。

(11)建筑排水管。排水管产品在装卸运输时,不得受剧烈撞击、抛摔和重压。堆放的场地应平整,堆放应整齐,堆高不超过1.5 m,距热源1 m以上,当露天堆放时,必须遮盖,防止暴晒。贮存期自生产日起一般不超过2年。而且管件一般情况下每包装箱重量不超过25 kg,不同规格尺寸的管件应分别装箱,不允许散装。

(12)建筑给水管。建筑给水管在运输时不得暴晒、玷污、抛摔、重压和损伤。堆放应合理并远离热源,堆放高度不超过1.5 m。如室外堆放,应有遮盖物。管件应存放在库房内且远离热源。

(13)保温浆料。胶凝材料应采用有内衬防潮塑料袋的编织袋或防潮纸袋包装,聚苯颗粒应用塑料编织袋包装,包装应无破损。在运输的过程中应使用有顶的运输工具或盖上油布等进行运输,以防止产品受潮、淋雨。在装卸的过程中,也应注意不能损坏包装袋。在堆放时,应放在有顶的库房内或有遮雨淋的地方,并在地上垫上木块等物品以防产品受潮,聚苯颗粒应放在远离火源及化学药品的地方。

(14)绝热材料。

①有机泡孔绝热材料。有机泡孔绝热材料一般可用塑料袋或塑料捆扎带包装。由于是有机材料,在运输中应远离火源、热源和化学药品,以防止产品变形、损坏。产品堆放时不可受到重压和其他机械损伤,并应放在干燥通风处,能够避免日光暴晒和风吹雨淋,也不能靠近火源、热源和化学药品。一般泡沫塑料产品超过70 ℃就会产生软化、变形甚至熔融现象。对于柔性泡沫橡塑产品,其温度也不宜超过105 ℃。

②无机纤维类绝热材料。无机纤维类绝热材料一般防水性能较差,一旦产品受潮、淋湿,则产品的物理性能特别是导热系数会变高,绝热效果变差。因此,这类产品在包装时应采用防潮包装材料,并且应在醒目位置注明"怕湿"等警示标志。应采用干燥防雨的运输工具运输,如给产品盖上油布,使用有顶的运输工具等。并应贮存在有顶干燥、通风的库房内,地上可以垫上木块等物品,以防产品浸水。堆放时还应注意不能把重物堆在产品上。

③无机多孔状绝热材料。无机多孔状绝热材料吸水能力较强,一旦受潮或淋雨,产品的机械强度会降低,绝热效果显著下降。而且这类产品比较疏松,不宜剧烈碰撞。因此在包装时,必须用包装箱包装,并采用防潮包装材料覆盖在包装箱上,应在醒目位置注明"怕湿""静止滚翻"等警示标志。应采用干燥防雨的运输工具,如给产品盖上油布,使用有顶的运输工具等进行运输。装卸时应轻拿轻放。应贮存在有顶的库房内或有遮雨的地方,库房应干燥、通风,地上可以垫上木块等

物品以防产品浸水。泡沫玻璃制品在仓库堆放时,还要控制堆垛层高,防止产品跌落损坏。

(15)商品砼。

①对商品砼提供厂家的资质与供货能力等进行审查,并检查商品砼厂家与施工单位的合同。

②商品砼的质量控制较难,一旦疏忽会对工程造成不可预见的质量隐患。因此在商品砼的预拌合及其运输时间现场浇筑必须进行严格的数据统计质量把关,加强对商品砼的原材料与配合比检验并验证,杜绝不合格的中间产品出现在工程中,确保工程质量。

3. 对材料供应商的要求

施工单位采购原材料应当结合本企业实际,建立有关建设工程材料合格供应商选择、材料购销合同签订、材料进场(库)验收、材料质量检测和标识、储存、保管、发放、台账记录、档案资料汇总及合规性评价的管理制度,以保证所采购和使用的建设工程材料符合规定的质量、安全和环保要求。

施工单位选择的合格供应商必须持有效的企业法人营业执照、税务登记证、资质证书。

(二)监理工作的方法及措施

1. 对进场原材料的检查

(1)对有包装的产品,应检查其包装的完好性,对裸装(如钢筋)等的产品,应当检查其每一扎件上的标牌(俗称吊牌)的完整性。包装或标牌上必须标有产品名称、品种规格、数量、批号、生产日期(出厂日期)、质量等级、执行标准以及生产企业名称、地址、联系电话等内容。

(2)核对材料的名称、品种规格、技术质量指标等是否符合设计要求、技术标准和合同约定。外观质量是否符合其技术标准要求。

(3)核查包装标志(或产品标牌)、产品标识(表面标志)及其标示的企业名称、产品名称、品种规格、质量等级、数量等内容是否与所提供的相关证照、报告等质保资料相一致。

(4)检查进场材料数量是否满足工程进度需要。

2. 对质保资料的审查

材料使用现场的质保资料应当是原件,复印件必须文字清晰,并注明买受人名称、供应数量,有供货单位公章、责任人签名、送货日期及联系方式;还要加盖复印单位的红章并注明原件存放单位,实际到××工地的数量、复印人、复印时间等。

(1)核验产品质量保证书。质量保证书必须字迹清楚并具有质量保证书编号、生产企业名称、用户单位名称、产品出厂检验指标(包括检验项目、标准指标值、实测值)以及生产企业地址、联系电话等内容。质量保证书应盖有生产单位公章或检验专用章。

(2)核验《生产许可证》。对属于全国工业产品生产许可证管理的产品,必须核验由生产企业提供的《生产许可证》复印件,核查产品包装、质量证明书中的生产许可证编号及(QS)标志的符合性,并上网查证。生产许可证复印件由材料经销单位提供的,必须加盖经销单位公章,并有责任人签名、送货日期及联系方式。

(3)核验3C证书。进场(库)建材属于3C认证产品时,必须查验由生产企业提供的《中国国家强制性产品认证证书》复印件、认证标志和工厂代码,并上网查证。复印件由材料经销单位提供的,必须加盖经销单位公章,并有责任人签名、有送货日期及联系方式。

对于实施3C认证的建筑用钢化玻璃产品,还应注意:

(1)产品质量合格证书上应标注执行《建筑用安全玻璃 第2部分:钢化玻璃》(GB 15763.2—2005)标准。

(2)应有建筑安全玻璃《XXXX年度监督合格通知书》或《工厂检查报告》复印件。

(3)应在建筑安全玻璃上标注3C认证标志和工厂代码等信息。

(4)检查出厂检测报告。材料的出厂检测的试验结果必须合格,还需注意出厂检测报告中的生产厂家、商标、产品规格、出厂编号批号(钢材为炉号)、出厂批量、出厂日期、报告日期等是否有缺项和涂改,是否与其他质保资料相对应。水泥等材料应及时(到期后一周内)追回28天出厂检测报告,并审查其生产厂家、商标、产品规格、出厂编号批号(钢材为炉号)、出厂批量、出厂日期、报告日期等与3天出厂检测报告是否一致。

(5)商品混凝土的质保资料审查。商品混凝土在供货过程中,应提交并检查如下资料:

①每批(连续浇筑)供货前提供配合比报告。

②每车混凝土在交货时提供发货单。

③28天后提供商品混凝土出厂质量证明书。

④28天后提供砼强度检测报告。

⑤查验使用说明书或图集。当进场材料附有使用说明书或图集的,也应进行检查、收集。

⑥查验证件。承包人应要求查验每批材料的发货单、计量单、装箱材料的合格证书、化验单以及其他有关图纸、文件和证件,并将上述图纸,以及文件、证件的复印件提交监理人。

3. 原材料的检测

(1)材料质量的检测复试要求。

①施工单位应当按照设计要求、施工技术标准和合同约定,在监理单位的见证下对进场(库)建材产品进行取样送检复试。取样人员和见证人员共同参与材料取样、样品封存和送检工作,并对所取样品的代表性和真实性负责。

②送检材料本身带有标识或标志的(如热轧带肋钢筋、小型混凝土砌块、烧结黏土砖等),抽取的样品应当选择带有标识或标志的部分。

表 4-2　有关见证取样的代表批量和试样规格

样品名称	代表批量	试样规格	备注
钢筋原材	60 t	11 根 45~55 cm 长	
钢筋搭接焊	300 个	11 根 60 cm 长	
粗骨料	600 t	分点采集 80 kg	
细骨料	600 t	分点采集 20 kg	
水泥	散装 500 t	分点采集 50 kg	
	袋装 200 t	分点采集 50 kg	
砼试块	≥100 m³	3 块一组(抗压)	
	≥100 m³	6 块一组(抗渗)	
砂浆试块		6 块一组	

③试验委托单上必须由取样和见证人员签名,监理见证员在签字前,应确认检测单位资质符合要求并经业主认可,然后认真核对委托单上所填的检测单位、送检单位、材料名称、规格、生产厂家全称、商标、相关证照编号、出厂编号批号(钢材为炉号)、试验代表批量、取样(成型)日期内容是否正确。

(2)复试报告的审核。

原材料送检后必须及时(到期一周内)领取复试报告,监理应按以下要求认真检查复试报告的原件,并保留复试报告复印件。

①检查试验的结果是否合格,试验报告是否报告单位、报告日期等是否有误。复试报告与工地现场的材料情况是否一致。

②检查复试报告中的生产厂家、商标、相关证照编号、产品规格、出厂编号批号(钢材为炉号)、试验代表批量、取样(成型)日期等是否有涂改和缺项。

③检查复试报告中的生产厂家、商标、相关证照编号、产品规格、出厂编号批号(钢材为炉号)、试验代表批量、取样(成型)日期等内容与产品质量合格证书、相

关证照等质保资料是否一致。

④检查送样单位、工程名称、使用部位是否有误,试验日期、取样(成型)日期与其他相关时间是否一致。

⑤对于水泥等材料应及时(到期后一周内)追回 28 天复试报告,并审查其生产厂家、商标、准用证编号、产品规格、出厂编号批号(钢材为炉号)、试验代表批量、取样(成型)日期等内容与 3 天复试报告是否一致。

(3)复试不合格的处理。

①钢筋。钢筋首次复验不合格,可加倍取样并经监理单位的见证和生产(销售)单位的现场确认。见证员、取样员应共同封样、送检进行加倍复验,如加倍复验仍不合格,严禁使用并及时清退出场。

对于首次复验或加倍复验不合格待退货的钢筋,应在监理单位的监督下,将复验不合格批次的所有钢筋端部和中间喷上不合格色标油漆后方可将该批钢筋清退现场。不合格色标统一规定为橘黄色,油漆总长度不少于 30 cm。并在《监督台账》备注栏中注明处理和处置情况。

②其他材料。在材料采购使用过程中,出现材料检测不合格情况时,均应在《监督台账》备注栏中注明处理和处置情况。

(4)外购成品、半成品控制。

①外购成品、半成品进场前,施工单位必须进行供应单位资格报审,同时提供其营业执照、生产许可证、质量监督证书、试验室资格等级证书等相关证明。监理工程师对其相关资格证明进行审查,必要时可以到供应单位现场考察其供应能力和供货质量,审查合格后应及时签证认可。监理应保留相关资格证明的复印件。

②监理应准确及时地做好各种外购成品、半成品的登记和汇总。在监理日记中详细记录外购成品、半成品的控制情况。

(5)建筑材料报审。

①原材料、成品、半成品进场后,施工单位应及时持建筑材料报审表报监理审批,未经报审同意决不允许使用。施工单位在材料报审时必须在建筑材料报审表后附所有相关质保资料。各种材料需要提供的质保资料具体如下:①水泥:出厂质保资料(3 天和 28 天)、复试报告(3 天和 28 天)、建筑材料报审表。②砂石:复试报告、建筑材料报审表。③钢材:出厂质保资料、复试报告、建筑材料报审表

②监理收到报审表后,应检查报审表附件是否齐全、是否有缺项和涂改。并按上述要求对进场材料、所有质保资料进行检查、审核,并按规定进行见证、取样复试。上述各项内容全部检查合格、均符合要求后,可在建筑材料报审表上签字认可,同意使用。

③报审表签证后应准确及时(最好在报审表签证的当天)进行分类登记和汇总,登记在《建设工程材料监理监督台账》和《原材料、成品/半成品试验台账》。并

检查汇总、登记是否有缺项和涂改,汇总表中的相关内容与报审表、复试报告、出厂合格证和出厂检测报告、相关证照等是否一致,与工程实际用量是否一致,最终的汇总量与合同用量是否一致。

④在监理日记中详细记录各种材料的进场、见证取样和报审表情况,对提出的问题注意闭合,并注意其内容应与汇总表和报审资料保持一致。

⑤材料进场并同意使用后,应落实材料的储存和堆放要求并进行检查,督促施工方现场堆放的建筑材料注明"合格""不合格""在检""待检"等产品质量状态。督促其做好《建设工程材料使用台账》。

四、桩基础与基坑围护监理措施

结合以往市政供水项目监理工作经验,项目地基处理可能涉及 PHC 预制桩、水泥土搅拌桩、SMW 工法桩、钻孔灌注桩、劲性复合桩以及高压旋喷桩。新开河道两侧护岸桩基础可能施打预制桩。

(一)PHC 桩基础施工监理控制措施

1. 监理控制要点

(1)打(压)桩质量控制要点及目标值。

①质量目标风险分析。

先张法预应力管桩沉桩过程控制的关键是检查压力、桩垂直度、接桩间歇时间、桩的焊接质量及桩顶完整状况,由于接桩质量差,可引起桩位偏差,桩身倾斜,严重者接桩处在沉桩过程中或开挖产生侧向土压力作用下松脱开裂,造成严重事故。而且,由于地层情况不明或地下障碍物未清除使沉桩困难,造成桩身倾斜或桩身破裂。如不明确最终沉桩贯入度,盲目沉桩,当贯入度过大可能会引起承载力不足问题,当贯入度过小,甚至沉不至设计标高而盲目沉桩,则可能使桩身破碎、折断,同样使承载力损失。因此应按实际情况及时做出判断,防止因沉桩不当造成质量事故。

②桩位放样允许的偏差如下:

群桩　　20 mm

单排桩　10 mm

③桩基工程的桩位验收,除设计有规定外,应按下述要求进行:

a. 当桩顶设计标高与施工场地标高相同时,或桩基施工结束后,有可能对桩位进行检查时,桩基工程的验收应在施工结束后进行。

b. 当桩顶设计标高低于施工场地标高,送桩后无法对桩位进行检查时,对压入桩待全部桩施工结束,承台或底板开挖到设计标高后,再做最终验收。

④打(压)入桩的桩位偏差,必须符合表1的规定。斜桩倾斜度的偏差不得大

于倾斜角正切值的 15%(倾斜角系桩的纵向中心线与铅垂线间夹角)。(强制性条文)

表 4-3　预制桩桩位的允许偏差(mm)

项	项目	允许偏差(mm)
1	盖有基础梁的桩: 垂直基础梁的中心线 沿基础梁的中心线	100+0.01H 150+0.01H
2	桩数为 1~3 根桩基中的桩	100
3	桩数为 4~16 根桩基中的桩	1/2 桩径或边长
4	桩数大于 16 根桩基中的桩: 最外边的桩 中间桩	1/3 桩径或边长 1/2 桩径或边长
5	桩顶标高	±50

注:H 为施工现场地面标高与桩顶设计标高的距离。

⑤桩基施工完毕应按设计要求进行单桩静载和动载(低应变)测试。

⑥接桩质量必须符合规范和设计规定,并按要求办理书面隐蔽验收手续,方才能转入下道工序施工,桩接头拼接处坡口槽的电焊应分三层以上对称进行环缝焊接,并采取措施减少焊接变形,每层焊接厚度应均匀,每层间的焊渣必须敲清后方能再焊一层,坡口槽的电焊必须满焊,电焊厚度宜高出坡口 1 mm,焊缝必须每层检查,焊缝不宜有夹渣、气孔、焊瘤、裂缝等缺陷,并满足表 4-4 要求。

表 4-4　电焊接桩焊缝质量检验标准

检查项目	允许偏差(mm)
上下节端部错口 (外径≥700 mm) (外径<700 mm)	≤3 ≤2
焊缝咬边深度	≤0.5
焊缝加强层高度	2
焊缝加强层宽度	2

(2)施工现场质保体系审核。

①施工现场质量管理应有相应的施工技术标准,健全的质量管理体系、施工

质量检验制度和综合施工质量水平评定考核制度。

②对桩基施工单位项目班子和特殊工种作业人员资质进行审核,并留下书面报审记录。

2. 桩基础监理工作方法和措施

(1)监理质量控制方法和措施。

①对 PHC 管桩沉桩施工,监理应采用巡视、旁站和平行检验的方式,对样桩放样、插桩、沉桩、接装全过程制定针对性的监理控制措施。

②成品桩现场验收。

对每批进场的桩应检查产品出厂合格证和出厂龄期(含砼强度、钢筋复试等报告)。在这个过程中,检查先张法预应力管桩的外观质量必须符合下列规定:

• 尺寸允许偏差:桩径±5 mm;

管壁厚度±5 mm;

桩身弯曲高小于千分之一桩长(1/1 000 L);

桩尖中心线<2 mm;

桩顶平整度<10 mm。

• 成品桩外形:桩表面应无蜂窝、露筋、裂缝、色感均匀,桩顶处无孔隙。

• 成品桩裂缝:砼收缩产生的收缩裂缝或起吊、装运、堆放引起的裂缝 δ 深度<20 mm,宽度<0.25 mm。

③成品桩质量验收合格后,监理应填写检查记录,并在施工单位上报的《工程材料/构配件/设备报审表》上签字确认后,该批桩才可以用于工程上。

(2)桩基工程质量控制措施。

①事前控制。

根据沉桩环境特点,合理选择压桩机械,并合理安排流水作业线。预制混凝土桩压桩按先中央后四周、由里向外的顺序沉桩;当基础设计标高不一时,宜先深后浅;当桩的规格不一时,宜先大后小,先长后短。桩施工前应对场地基准点、基准线和临时水准点、小样桩进行复核,对控制点要求加强保护,并组织定期复核,合格后填写工程测量放线报验记录,监理同时留下平行复测记录。然后待桩机就位后,应检查桩机平整度,并对准桩位。并且,在审查施工组织设计(方案)、施工准备情况合格并具备开工条件后,由监理工程师签发打桩令。

②事中控制。

打(压)桩的施工程序为:测量桩位→桩机就位→吊桩插桩→桩身对中调直→沉桩→接桩再沉桩→终止压接。还有就是起吊、运输、堆放、桩运输的强度达到设计强度标准值的100%,吊点应符合设计规定,堆放应支撑平稳,每层垫木上下对齐。再者管桩的混凝土必须达到设计强度及龄期(常压养护28d,压蒸养护1d)后方可沉桩。而且,压桩时应做好施工记录,开始压桩时应记录桩每沉1米油压表的压力值,当下沉至设计标高或两倍于设计荷载时,应记录最后三次稳压时的贯入度。并且打桩开始时应起锤轻压并轻击数下,确保桩身桩架桩锤等垂直一致,方可转入正常施打,落距最大不宜超过1米,当打桩的贯入度已达到要求,而桩的入土深度接近设计要求时,即可进行控制,一般要求最后二次十锤的平均贯入度不大于设计规定的数值或以桩尖入土深度控制其符合设计要求。此外,第一节管桩插入地面时的垂直度偏差不得超过0.5%,桩锤、桩帽或送桩器应与桩身在同一中心线上,压桩过程中经常观测桩身的垂直度,若垂直度偏差超过1%时,应找出原因并设法纠正,严禁用移动桩架等强行回扳的方法纠偏。另外,每一根桩应一次性连续打(压)到底,接桩、送桩应连续进行,尽量减少中间停歇时间。除此之外,沉桩过程中,出现贯入度反常、桩身或桩顶破损等出现异常情况时,应停止沉桩,待查明原因并进行必要处理后,方可继续施工。同时,采用电焊接桩时,焊接前应先确认管桩接头是否合格,上下端板表面应用铁刷子等清理干净,坡口处应刷至露出金属光泽,并清除油污和铁锈。值得注意的是,焊接时宜先在坡口周围上下对称点焊4~6点,分层施焊,施焊时宜对称进行。在这过程中,焊接可采用手工焊接或二氧化碳保护焊,焊接层数宜为三层,内层焊渣必须清理干净后再施焊外一层,焊缝应饱满、连续,且根部必须焊透。最重要的是,送桩后,督促施工方及时采取封堵桩孔措施,避免出现安全隐患。

③事后控制。

沉桩结束后,应按设计和规范要求随机抽一定比例的桩进行静载和动载测试,以检测桩本身完整性和接桩质量。在这一过程中,工程桩应进行随机桩身质量检验,采用动测法(低应变法)检测,检测数量不应少于工程桩总数的10%,且不得少于10根。而且工程桩应进行随机非破坏性单桩竖向抗压、抗拔承载力检验。单桩抗拔承载力检验采用静载试验检测,检测数量不应少于工程桩总数的1%,且不得少于3根。单桩竖向抗压承载力检验采用静载试验检测,检测数量不应少于工程桩总数的1%,且不得少于3根。并且沉桩工程完工后,在总包单位、分包单位自行质量检查核定的基础上,监理应对桩的标高、桩位偏差进行验收,验收数据应标注在桩基竣工图上,并出具桩基工程质量评估报告。验收时施工单位应提供以下资料:工程地质勘察报告;桩位测量放线图和工程测量复合单;桩的结构和桩位设计图,以及设计交底记录;施工组织(方案)设计;PHC管桩的出厂合格证,砼试块强度实验报告及各种材料出厂质量证明书(合格证)试验报告,复试报告等;沉桩记录和隐蔽工程验收记录;技术联系单(核定单);桩位竣工图;桩的静载试验资料和低应变测试资料;桩基工程验收记录。

④先张法预应力管桩质量检验标准如下表。

表 4-5　先张法预应力管桩质量检验标准

项	序	检查项目		允许偏差或允许值		检查方法
				单位	数值	
主控项目	1	桩体质量检验		按基桩检测技术规范		按基桩检测技术规范
	2	桩位偏差		见表1		用钢尺量
	3	承载力		按基桩检测技术规范		按基桩检测技术规范
一般项目	1	成品桩质量	外观	无蜂窝、漏筋、裂缝,色感均匀,桩顶处无间隙		直观
			桩径	mm	±5	用钢尺量
			管壁厚度	mm	±5	用钢尺量
			桩尖中心线	mm	<2	用钢尺量
			桩身弯曲	mm	<1/10 001	用钢尺量
			桩顶平整度	mm	<10	用水平尺量
	2	电焊后间歇时间		min	>1.0	秒表测定
		上下节平面偏差		mm	<10	用钢尺量
		节点弯曲矢高		mm	<1/10001	用钢尺量
	3	电焊接桩焊缝质量:		mm	≤3	用钢尺量
		(1)上下节端部错口		mm	≤2	用钢尺量
		(外径≥700 mm)				
		(外径<700 mm)		mm	≤0.5	焊缝检查仪
		(2)焊缝咬边深度		mm	2	焊缝检查仪
		(3)焊缝加强层高度		mm	2	焊缝检查仪
		(4)焊缝加强层宽度				
		(5)焊缝电焊质量外观		无气孔、焊瘤、裂缝		直观
		(6)焊缝探伤检验		满足设计要求		按设计要求
	4	停锤标准		设计要求		现场实测或查沉桩记录
	5	桩顶标高		mm	±50	水准仪

⑤监理工作影像资料的管理。

在工程项目开工前,监理人员需要对整个施工现场进行拍摄,记录开工前的全场平面情况。这有助于为后续施工提供参考,并在工程结束后进行对比分析。而且桩机安装调试完成后,监理人员应对其进行拍摄,以记录设备的初始状态和安装情况。这有助于确保设备的正确安装,并为后续的设备维护和检查提供依据。在桩基础施工中,监理人员需要对桩位进行复核,并使用影像资料记录复核过程。这可以确保桩位的准确性,避免施工中的偏差。打桩过程中,监理人员需要检查桩的垂直度,并使用影像资料记录检查过程。这有助于确保桩的施工质量,防止因垂直度问题导致出现工程质量问题。在接桩过程中,监理人员应对接桩质量进行检查,并使用影像资料记录。这可以确保接桩的牢固性和稳定性,为后续的工程施工提供保障。还有就是土方开挖后,监理人员需要检查桩位的偏差情况,并使用影像资料记录。这有助于及时发现并纠正桩位偏差,确保工程的顺利进行。如果工程设计发生变更,监理人员应对变更处理情况进行拍摄记录。这有助于确保设计变更的正确实施,并为后续的工程验收提供依据。最重要的是在工程施工过程中,如果遇到障碍物或异常情况,监理人员应及时进行拍摄记录,并对处理情况进行跟踪拍摄。这有助于为后续的验收提供凭证,并确保异常情况得到妥善处理。

(二)水泥搅拌桩施工监理措施

水泥搅拌桩除了注浆质量应按设计的配合比充分搅拌外,注浆和搅拌机提升速度的均匀性是保证桩体质量的关键,施工时必须严加控制。需按照水泥搅拌桩质量验收监理程序开展监理工作。

1. 监理控制要点

(1)原材料质量控制。

进场的水泥必须经过严格的质保单审查,并按照相关规定进行取样复试,只有在复试合格后,才允许在本工程中使用。这一流程是为了确保水泥的质量符合工程建设的标准,避免因材料问题导致的工程质量问题。同时,即使水泥质量合格,也应得到监理工程师的批复同意后才能使用,这是为了确保工程的每一步都符合规范和设计要求,双重保障工程质量和安全。这一系列的措施旨在从源头上控制工程质量,为工程的顺利进行和长期使用提供坚实基础。

(2)机械设备质量控制。

设备性能应能满足工程土层的物理力学性质、有机质含量、含水量等特点和设计技术要求。按设计要求的桩长配备好搅拌杆、搅拌叶片的直径(桩径偏差不得大于 1 cm)。检查机具设备,机械进场使用前先进行调试,检查搅拌桩机运转和输料畅通情况。灰浆泵要有压力计、流量计,灰浆搅拌机制浆的能力要满足桩基施工的要求。进场设备需监理工程师批复同意后方可使用。

(3)场地平整质量控制。

施工现场事先予以平整,清除障碍物。遇河塘及场地低洼时应抽水和清淤,分层夯实回填黏性土料。开挖施工沟槽清除施工区表层垃圾浮土、地下管线、树根等障碍物,为处理后地基的隆起预留空间,沟槽不宜过深、过浅,也不宜超出灰线范围。

(4)测量放线质量控制。

确认测量基准线,复核施工测量放样,复查轴线、桩位与桩数(桩位布置与设计图误差不得大于 5 cm)。施工前监理工程师应对临时水准点放样、工程基准线放样、工程控制点放样进行测量复核。

(5)钻机就位质量控制。

深层搅拌桩设备安装时,枕木下地基要稳固,机器底座要水平,搅拌头导轨要垂直。桩机就位后,检查钻机是否横平竖直,采向架的垂直度偏差应小于 1%;就位对中时,检查钻头是否对中,允许偏差小于 5 cm。把符合设计要求的桩顶、桩底标高在钻塔上做出相应的明显标志,以便在施工中控制好桩顶和桩底标高,满足设计和规范要求。

(6)制浆质量控制。

①根据设计要求通过成桩试验,确定搅拌桩的水泥掺量和水灰比等各项参数和施工工艺。确认每立方米搅拌桩(或每根搅拌桩)的水泥用量和水的用量,然后在配制浆液处挂牌施工。

②配制水泥浆液处,应严格控制水泥用量和水灰比,所用材料必须计量,按规定先进行试拌测定浆液的比重,作为后期检测的标准。水泥在进入灰浆桶时要过筛,不得有大颗粒进入;水泥浆的制备要使用专用的制浆桶,对每桶所用水泥和水的用量进行抽查,发现问题及时纠正。水灰比确定后所拌制浆液的浓度可用比重计测试,应经常抽查,每台班应不少于 2 次,并做好记录。

③监理文件:深层搅拌桩监理旁站记录表。

(7)搅拌喷浆。

①在喷浆前要进行预搅,即在不喷浆的情况下,开启搅拌头,并下沉到设计深度。预搅过程中遇到黏土等质地较硬的层位时,可适当泵送清水,以减小施工阻力,但应考虑冲水成桩对桩身强度的影响。搅拌下沉时应控制下沉速度,借设备自重以 0.5~1 m/min 的速度沉至要求的加固深度。桩顶标高,桩顶、桩底设计高程均应不低于设计值,桩底一般应超深 10~20 cm,桩顶应超高 10~50 cm。

②当搅拌头距离设计桩底 50 cm 时,开启灰浆泵排出沿线管路中的水和气体,并在桩底原位喷浆 30 s 坐底,边搅拌边提升搅拌头。搅拌提升时关键是注浆量及注浆连续性与搅拌均匀程度,严禁在未排出沿线管路中空气和水即开始提升,提升过程中严禁空喷,提升速度不得大于 0.5 m/min,并且与泵量相匹配,即在最后一次喷浆结束时,贮浆桶中浆正好用完。提升至距设计桩顶标高 2 m 左右时,应放慢提升速度。检查是否满足设计桩底、搅拌次数。搅拌机喷浆提升的速度和数量必须符合施工工艺的要求,采用流量计控制喷浆速度,控制输浆、喷浆速度,注浆泵出口压力保持在 0.4~0.6 Mpa,确保提升过程中均匀喷浆,并有专人记录搅

拌杆每米下沉或提升的时间,深度记录误差≤100 mm、时间记录误差≤5 s。

③喷搅过程中,泵送必须连续,不得随意停机,如发现有断浆现象时(包括停电\机械故障等因素),若遇特殊情况停机超过1 h,再次喷搅时必须钻搅到停浆面以下0.5 m处继续成桩;若停机超过3 h,为防止浆液硬结堵管,宜先拆卸输浆管路,清洗干净。

④互相搭接的桩体,须连续施工,一般相邻桩的施工间隔为8~10 h,若超过上限应对最后一根桩先进行空钻留出榫头,以待下一批桩搭接;如间歇时间太长,与下一根无法搭接时,应经设计认可后,采取局部补桩或注浆措施。

⑤监理文件:深层搅拌桩监理旁站记录表。

(8)成品检验。

成桩7天内,用轻型触探(N10)检查每米桩身的均匀性,检查数量为施工总数的2%。

成桩7天后,采用浅部开挖桩头(深度超过停浆面以下0.5 m),目测检查搅拌的均匀性,量测成桩直径。检查量为总桩数的5%。

施工过程中每台班抽取水泥土试块一组,其28天试验强度值作为桩体水泥土强度判定依据。基坑开挖过程中随时观测桩数、桩位、桩深、桩体搭接状况及桩体水泥土强度,如不符合规定要求,应采取有效补救措施。工程结束后要求施工单位提供桩位竣工图纸及相应质量保证资料。

2. 深层搅拌桩施工常见问题分析和控制措施

(1)搅拌体不均匀。

①现象。

搅拌体质量不均匀,或出现无水泥浆拌和情况。

②原因分析。

一是工艺不合理。二是搅拌机械、注浆机械操作中发生故障,造成注浆不连续,供水不均匀,使软黏土被扰动,无水泥浆拌和。三是搅拌机械提升速度不均匀。

③防治措施。

选择合理的工艺,还有就是施工前对搅拌机械、注浆设备、制浆设备等进行检查、维修、试运转。再者灰浆拌和搅拌时间应不少于2 min,增加拌和次数,保证拌和均匀,不使浆液沉淀。并采取提高搅拌转数,降低钻进速度,边搅拌、边提升等措施提高拌和的均匀性。而且,单位时间内的注浆量要相等,不能忽多忽少,更不能中断。此外,重复搅拌下沉及提升各一次,以反复搅拌的办法解决钻进速度快和搅拌速度慢的矛盾,即采用一次喷浆二次补浆或重复搅拌的施工工艺。另外,拌制固化剂时不任意加水,以防改变水泥浆的水灰比,降低搅拌体强度。

（2）喷浆不正常。

①现象。

施工中喷浆突然中断。

②原因分析。

一是注浆泵、搅拌机出现故障。二是喷浆口被堵塞。三是管路中有砖块和杂物，造成堵塞。四是水泥浆的水灰比稠度不合适。

③防治措施。

注浆泵、搅拌机等施工机械在施工前应进行维修、试运转，保证能正常使用。还有就是喷浆口采用逆止阀（单向球阀），防止倒灌水泥。注浆应连续进行，不得中断。搅拌机的输浆高压胶管应与灰浆泵可靠连接。在钻头喷浆口上方设置越浆板，防止堵塞。泵与管路用完后，要清洗干净，并在集浆池上部设细筛过滤，防止杂物及硬块进入管路，造成堵塞。另外，选用合适的水灰比。

（3）抱钻、冒浆。

①现象。

施工中钻头被黏土粘住，产生抱钻或冒浆现象。

②原因分析。

一是遇硬质黏土层，黏结力强，不易拌和均匀，搅拌过程中常会产生抱钻现象。二是工艺选择不恰当。三是有些土层虽然容易搅拌均匀，但因其上覆土层压力较大，持浆能力差，容易出现冒浆现象。

③防治措施。

搅拌头沉入前，桩位要注水，使搅拌头表面湿润。还有就是地表为软黏土时，可掺加适量砂子，改变土的黏度，防止搅拌头被抱住。而且，选择合理的搅拌工艺，遇较硬土层及较密实的粉质黏土时，可采用"输水搅动→输浆拌合→搅拌"工艺，并可将搅拌转速提高到 50 r/min，钻进速度降到 1 m/min，使拌和均匀，减少冒浆。

（4）搅拌桩搭接处开岔。

①现象。

开挖基坑时，发现搅拌桩搭接处开岔或分离，出现渗漏水现象。

②原因分析。

一是钻机定位不准确，钻头偏离设计的桩位。二是钻机设置不稳固，钻孔时机架晃动。三是钻孔倾斜，垂直偏差超过规定数值。四是钻头磨损，直径小于设计桩体直径。

③预防措施。

桩位要按设计尺寸放线定点，钻机定位要准确，成桩后的桩位偏差不应超出5 cm。还有就是钻机钻孔时，必须保证其下部基箱稳固，机身不晃动，机架横平竖直,水平和垂直倾角均不大于 0.5°。而且每根桩施工前,必须校正搅拌轴两个不同方向的垂直度,成桩的垂直度偏差不应超过 1/100。并且经常检查钻头磨损情况,及时补焊因磨损而减小直径的钻头,务必使钻头直径不小于桩体设计直径。

④治理方法。

采用局部补桩方法加固围护结构。还有在开岔部位钻孔注浆,封堵渗漏水通道。

(5)搅拌桩搭接处渗水。

①现象。

基坑开挖时,发现搅拌桩搭接处有明显的施工缝,出现渗漏水现象。

②原因分析。

一是互相搭接的相邻桩体未连续施工,相隔时间过长,致使搭接处形成渗水的施工缝。二是未对施工时间相隔过长的相邻桩体采取防止渗漏的补救措施。

③预防措施。

互相搭接的相邻桩体要连续施工,成桩相隔时间不宜大于 12 h。而且相邻桩体成桩相隔时间若超过 12 h,应在后施工的桩体中增加 20% 的注浆量,以此提高接头缝的止水效果。

④处理方法。

在接头缝轻度渗水的情况下,可在基坑开挖施工过程中,随时用 TZS 水溶性聚氨酯堵漏剂与超早强双快水泥进行堵漏。还有就是在渗漏水有一定水压力的情况下,可先用软管插入渗漏的接头缝中引流,然后用超早强双快水泥封堵漏水的接头缝,待封堵材料达到强度后,再用注浆泵压注 TZS 水溶性聚氨酯堵漏剂进行堵漏。当发现接头缝有严重渗漏水情况时,应停止基坑开挖作业,做紧急处理:用装有黏土的草包筑起土坝,阻止坑外地下水继续向坑内渗漏或在相邻搅拌桩搭接缝中钻孔注浆,待渗漏水通道堵塞之后,再逐层拆除土坝,继续开挖基坑。

(三)钻孔灌注桩施工监理措施

1. 要求施工单位做好施工场地平整和排水系统,设置泥浆池和沉淀池。预先探明和清除桩位处的地下障碍物;确定施工桩位并埋设好成孔用护筒。检查护筒高度、刚度、埋设位置及垂直度。

2. 检查钻机质量,要求须由有资质的机构检测并出具检测报告后方可施工,成孔直径必须达到设计桩径,成孔用钻头应有保径装置。成孔用钻头应经常检查和校验尺寸。成孔施工应一次不间断地完成,不得无故停钻,成孔完毕至灌注混凝土的间隔时间不应大于 24 h。成孔时钻机定位应准确、水平、稳固,钻机回转盘中心与护筒中心的允许偏差应不大于 20 mm。成孔过程中钻机塔架头部滑轮组、回转器与钻头应始终保持在同一铅垂线上,保证钻头在吊紧的状态下钻进。

3.检查钢筋笼制作,钢筋规格需满足设计要求,并要求清除钢筋表面的污垢、锈蚀等,制作程序按水闸钢筋砼工艺监理控制程序进行。

4.钢筋笼应经过中间验收合格后方可进行安装。钢筋笼在起吊、运输和安装中应采取措施防止变形。钢筋笼安装入孔时应保持垂直状态,避免碰撞孔壁。钢筋笼进行孔口焊接时,上下节笼主筋焊接部位表面污垢应予清除。上下节笼各主筋位置应校对正直,且上下节笼持垂直状态时方可施焊,焊接时宜两边对称施焊,每节笼子焊接完毕后应补足焊接部位的箍筋,钢筋笼安装深度允许偏差为±100 mm。

5.检查清孔分二次进行。第一次清孔在成孔完毕后立即进行;第二次清孔在下放钢筋笼和灌注混凝土导管安装完毕后进行。清孔过程中应测定泥浆指标,清孔后的泥浆密度应小于1.15。清孔结束时应测定孔底沉淤。清孔结束后孔内应保持水头高度,并应在30分钟内灌注混凝土。若超过30分钟,灌注混凝土前应重新测定孔底沉淤厚度。

6.单根桩混凝土灌注时间不宜超过8小时。检查混凝土灌注的充盈系数是否满足设计或规范要求。混凝土导管的选择应能满足设计及规范要求。混凝土初灌量应能保证混凝土灌入后,导管埋入混凝土深度为0.8~1.3 m,导管内混凝土柱和管外泥浆柱压力平衡。混凝土实际灌注高度应比设计桩顶标高高出一定高度,其最小高度不应小于2米,保证设计标高以下的混凝土符合设计要求。

7.现场监理工程师必须检测的项目有:钻孔开始时间、钻孔结束时间;护筒直径、长度、顶标高;清孔前的孔深、孔径;一次、二次清孔后的孔深;孔底沉渣厚度;一次、二次清孔泥浆比重;混凝土初灌量;混凝土的坍落度;混凝土灌注开始时间、混凝土灌注结束时间。

表4-6　钻孔灌注桩成孔的检测项目

序号	检测项目		允许偏差（mm）	检测频率		检测方法
				范围	点数	
1	孔径	基础桩	0 +d/5	每根桩	1	用测井仪检测
2		支护桩	−d/20 +d/10	每根桩	1	
3	垂直度	基础桩	1% L	每根桩	1	用测井仪检测或吊线用尺量
4		支护桩	0.5% L			
5	孔深		0 +300	每根桩	1	核定钻头和钻杆长度

续表 4-6

序号	检测项目		允许偏差（mm）	检测频率		检测方法
				范围	点数	
6	沉渣厚度	基础桩	≤100	每根桩	1	用测锤和测绳测量或电阻应变仪检测
7		支护桩	≤300	每根桩	1	
8	成桩桩位	基础桩 单桩	d/10	每根桩	1	根据轴线用尺量
9		条形桩基垂直轴线方向和群桩基础边桩	d/6 且≤100	每根桩	1	
10		条形桩基顺轴线方向和群桩基础中间桩	d/4 且≤150	每根桩	1	
11	支护桩桩位		d/12	每根桩	1	根据轴线用尺量

注：1. 表中 d 为桩的设计直径（mm）；L 为桩长（mm）。

（四）高压旋喷桩施工监理措施

1. 监理控制要点

施工前应将施工现场事先予以整平，必须清除地上和地下的障碍物。高压旋喷桩设备安装时，枕木下地基要稳固，机器底座要水平，搅拌头导轨要垂直，钻机的垂直度偏差应小于±0.5%，同时加强对桩轴线以及桩间距进行检查，满足设计要求后方可施工。

对进场水泥和外加剂必须按相关规定要求进行取样复试，复试合格后才准予在本工程中使用，水泥浆严格按 1:1 进行配比，在注浆前 10 min 必须搅拌好浆料，搅拌时间不得小于 5 min，拌制好的浆液不得离析，泵送必须连续，停置时间不得过长，超过 30 min 的浆液不准使用。

根据设计要求进行成桩试验，确定施工水泥掺量和水灰比，压力、水泥浆、流量、注浆管提升速度和旋转速度等各项参数和施工工艺，确认每立方米搅拌桩（或每根搅拌桩）的水泥用量和水的用量，然后在配制浆液处挂牌施工。配制水泥浆液处，应严格控制水泥用量和水灰比，所用材料必须计量，按规定先进行试拌测定浆液的比重，作为后期检测的标准。水泥在进入灰浆桶时要过筛，不得有大颗粒进入；水泥浆制备要使用专用的制浆桶，对每桶所用水泥和水的用量进行抽查，发现问题及时纠正。水灰比确定后所拌制浆液的浓度可用比重计测试，应经常抽查，每台班应不少于 4 次，并做好记录。

喷搅过程中，泵送必须连续，不得随意停机，如发现有断浆现象时（包括停电、机械故障等因素),若遇特殊情况停机超过 1 h,再次喷搅时必须钻搅到停浆面以下 0.5 m 处继续成桩;若停机超过 3 h,为防止浆液硬结堵管,宜先拆卸输浆管路,清洗干净。互相搭接的桩体,须连续施工,相邻桩的施工间隔不宜小于 24 h。在喷射注浆过程中,应观察冒浆的情况,及时了解土层情况、喷射注浆的效果和喷射参数是否合理。二重管喷射注浆时,冒浆量小于注浆量 20% 为正常现象,超过 20% 或完全不冒浆时,应查明原因并采取相应的措施。若系地层中有较大空隙引起的不冒浆,也可缩小喷嘴直径,提高喷射压力。当拆卸钻杆继续旋喷时,须保持钻杆有 10 cm 的搭接长度,成桩中钻杆的旋转和提升必须连续不中断,一次喷浆达不到设计桩径时,可进行第二次复喷。高压喷射注浆完毕,应迅速拔出喷射管。为防止浆液凝固收缩影响桩顶高程,可在原孔位采用冒浆回灌或第二次注浆等措施。

2. 见证试验

钻孔取样,做成试件进行物理力学性能试验。还要做渗透试验,包括钻孔压力注水渗透试验和钻孔抽水渗透试验。

3. 质量验收

验收内容包括:查对现场的高压喷射注浆孔的孔位布置,注浆孔数是否与竣工图和设计图一致,各孔孔深是否达到设计要求,所用材料等是否符合要求。查明旋喷固结体的有效直径、整体性、均匀性、抗渗性、抗冻性、抗压强度、承载力试验等具体数据。

高压旋喷桩质量检验标准应符合下表规定。

表 4-7　高压旋喷质量检验标准

项	序	检查项目	允许偏差或允许值		检查方法
			单位	数值	
主控项目	1	水泥及外掺剂质量	符合出厂要求		查产品合格证书或抽样送检
	2	水泥用量	设计要求		查看流量表及水泥浆水灰比
	3	桩体强度或完整性检验	设计要求		按规定方法
	4	地基承载力	设计要求		按规定方法
一般项目	1	钻孔位置	mm	≤50	用钢尺量
	2	钻孔垂直度	%	≤1.0	经纬仪测钻杆或实测
	3	孔深	不小于设计		测深锤测量
	4	注浆压力	按设定参数指标		查看压力表
	5	桩体直径	不小于设计		开挖后用钢尺量

(五)SMW工法井监理控制要点

1. SMW桩技术要求

SMW桩技术要求严格,采用P·O42.5普通硅酸盐水泥,水泥掺入比为20%,水灰比为1.5,且水泥浆配制好后停滞时间不得超过2 h。施工采用二次搅拌二次喷浆工艺,喷浆搅拌时钻头的提升或下沉速度有严格限制。同时,对桩身的质量和位置也有精确要求,如中心偏位和垂直度误差等。此外,H型钢的插入也是关键步骤,其规格、插入位置、平整度和垂直度都有明确标准,插入前还需涂减磨剂,与顶圈梁间采用牛皮纸隔离。若H型钢需接长,焊缝应做剖口焊接,且翼缘接缝与腹板接缝应错开200 mm。基坑底下4 m还需进行注浆加固,注浆的水灰比和水泥掺量也有明确规定。这一系列技术要求确保了SMW桩的质量和稳定性。

2. 施工工序要求

SMW桩围护施工是确保基坑稳定性的关键步骤,施工前需进行坑内预降水,降水深度应达到坑底。开挖过程中,需在特定标高施工顶圈梁并架设支撑结构。为确保围护结构的紧密性,采用C30细石混凝土填实空隙。基坑开挖至设计标高后,必须及时浇筑素混凝土垫层,随后施工吸水井底板。在施工过程中,要严格遵守堆载限制,及时封堵渗漏,确保安全。基坑回填时,应选择合适的土质并分层夯实。同时,支撑结构的设置也需按照规定的计算轴力标准值和施工预应力进行调整,以确保整个施工过程的稳定性和安全性。这一系列细致的施工步骤和要求,共同构成了确保基坑开挖和SMW桩围护施工安全稳定的重要措施。

3. 监理控制措施

(1)监理事前控制。

①召开专家会审核、批准SMW设计和施工方案;开始施工前召集施工单位进行安全、技术交底,并对施工中可能会发生影响质量的因素提请施工单位重视,落实项目管理组织及管理人员值班制度,要求值班人员能认真坚守岗位,尽职尽责,对工序实行质量管理三检制,自检、互检合格后再向监理报验,经监理验收合格后,方可进入下道工序。

②确认测量基准线,复核施工测量放样,按设计要求的水泥掺量和水灰比,确认每立方米搅拌桩的水泥用量和水的用量,然后在配制浆液处挂牌施工。

③按设计要求的桩长配备好搅拌杆、搅拌叶片的直径(桩径偏差不得大于4%)。按设计要求的桩顶、桩底标高在钻塔上做出相应的明显标志,以便在施工中控制好桩顶和桩底标高,以满足设计和规范要求。

(2)监理事中控制。

①搅拌机就位后,检查钻机是否横平竖直,以保证搅拌桩的垂直度,成桩垂直

度控制在小于 1%,钻头对桩位,桩位控制偏差小于 50 mm。

②搅拌下沉时应控制下沉速度,借设备自重以 0.38~0.75 m/min 的速度沉至要求加固深度,待送浆后持续 30S 左右,确认浆液已送至桩底时,再搅拌提升。

③搅拌机预搅下沉时不宜冲水,当遇到较硬土层下沉太慢时,方可适量冲水,但应考虑冲水成桩对桩身强度的影响。

④配制水泥浆液处,应严格控制水泥用量和水灰比,所用材料必须计量(水灰比确定后所拌制浆液的浓度可用比重计测试,应经常抽查,每台班应不少于 2 次,并做好记录)。对每桶所用水泥和水的用量进行旁站监督,发现问题及时纠正。在输浆液之前,搅拌机不停搅拌以防浆液离析。要求施工人员把每根桩所用的水泥袋捆扎在一起,堆放好后以备抽查。

⑤搅拌提升时关键是注浆量及注浆连续性与搅拌均匀程度,为保证桩身强度应严格控制搅拌次数和提升速度(不大于 0.5 m/min)并密切注意是否有断浆现象。如发现有断浆现象时(包括停电、机械故障等因素),应在断浆处下沉 50 cm 后,再提升搅拌喷浆,提升至距设计桩顶标高 2 m 左右时,应放慢提升速度,重复喷浆搅拌,以保证桩顶强度达到设计要求。

⑥插入 H 型钢时打桩机机身要稳定、垂直。H 型钢对准桩位后调整好垂直度,保证插入时匀速、不倾斜,并严格控制好 H 型钢的标高。

⑦督促施工单位及时、齐全、准确地做好施工资料,并及时报验。施工中按要求做好水泥试块。

⑧施工时不允许出现施工冷缝,如因特殊原因出现超过 24 h 施工接缝,须采取补桩措施,或请业主和设计者确定补救措施。

⑨事中监测。需要监测基坑周围地下管线的变位,还需要监测基坑周围建筑物的变位,并监测基坑周围结构的变位,而且需要监测基坑内外地下水位,更需要监测支撑及焊接点是否脱焊。当基坑围护最大位移超过 5 cm,变形速率超过 3 mm/d 时,应及时通知设计院,分析原因,采取相应措施。

(3)监理事后控制。

①水泥土桩应在成桩后 7 天内进行质量跟踪检验。可用轻便触探器中附带的勺钻钻取桩身加固土样,观察搅拌均匀程度和判断桩身强度,或用静力触探测试桩身强度沿深度的变化。按图纸要求做好抗渗漏检验。所有指标必须达到设计要求。

②基坑开挖后应检验桩位、桩数与桩顶质量,如不符合规定要求,应采取有效补救措施。

(4)旁站部位。

就位对中时检查钻头是否对中,允许偏差<5 cm,钻机是否调平,采向架的垂直度偏差<1%。搅拌下沉或提升时检查下沉或提升速度,提升速度不得>0.5 m/min,

并密切注意喷浆是否连续。检查是否满足设计桩底、桩顶标高;搅拌次数。配制浆液处检查水泥用量、浆液比重,水泥浆是否离析。

(六)劲性复合桩施工监理措施

项目桩基础也可能采用劲性复合桩。劲性复合桩主要由散体桩、柔性桩和刚性桩复合施工,分为散柔复合桩、散刚复合桩、柔刚复合桩及三元复合桩,施工顺序一般为散体桩、柔性桩、刚性桩。根据以往监理工作经验,项目桩基础也可能采用柔刚复合桩。柔性桩一般为搅拌桩、高压旋喷桩等,刚性桩一般为混凝土预制桩、灌注桩等。柔性桩和刚性桩的施工质量控制,需按照相关章节阐述的监理措施执行。而且重点对两种桩施工的时间间隔进行控制,不得超过 6 h。

(七)深基坑降水监理控制措施

项目降水主要是确保地下池体构筑物基坑开挖顺利。由于自来水厂项目紧靠河道,例如奉贤三水厂靠黄浦江,一水厂临金汇港,根据以往监理工作经验,建议采用轻型井点与深井降水相结合的方式,以保证基坑干燥。

1. 降水工程的事前控制

在降水工程中,监理需严格审批总包单位提交的分包单位资质、质保体系、管理制度,并核实主要施工人员的上岗资质。同时,对施工单位提交的施工方案进行仔细审核,确保其科学性和可行性。进场设备、材料的符合性也是审查的重点,以确保其满足工程需求。此外,监理还需复验降水井位和观察井位,对各降水井的滤头质量进行逐个验收,检查吸水孔是否堵塞,以及滤网包扎工艺是否合理且下到井里能否不脱落。最后,必须确保地下水通过工地排水系统排放,避免对工地和周围环境造成污染。这一系列措施旨在保障降水工程的顺利进行,同时保护周边环境的安全与卫生。

2. 降水工程的事中控制

(1)降水井点布设的监控。

复核井位是否符合施工方案要求。

(2)井点钻孔的监控。

钻孔的孔口应埋设护筒,护筒底口应插入原状土层中,管外应用黏性土或草辫子封严,防止施工时管外返浆,护筒上部应高出地面 0.10~0.30 m。成孔孔径应不小于 650 mm。钻进开孔时应吊紧大钩钢丝绳,轻压慢转,以保证开孔钻进的垂直度;泥浆比重控制在 1.10~1.15 g/cm³,黏度 15~18 s。

(3)井点管沉设监控。

井点管沉设过程中,监控环节至关重要。在沉设前,需要先进行配管工作,确保采用的钢管直径为 273 mm、壁厚为 4 mm,以满足疏干井和降压井的需求。同时,井管的焊接质量也是关键,应采用套接型接头,接箍长 20 mm,套入上下井管各 10 mm,确保焊缝均匀无砂眼,焊缝堆高不小于 6 mm。下管前必须测量孔深,确保符合要求。下管时,滤水管上下两端需各设一个扶正器,直径小于孔径 5 cm,以保证井管居中垂直。井点管应放置在含水层中,且应高出地面 300~500 mm。井点管就位固定后,为确保安全,管上口应临时封闭。这一系列步骤都是为了保证井点管的沉设质量和安全性。

(4)对滤头管、滤料质量的监控。

在降水井施工中,对滤头管和滤料的质量监控至关重要。滤头管位于井管底部,其管壁滤孔的直径为 5 mm,间距控制在 20~25 mm 之间。为确保滤头功能的正常发挥,管壁外部需包裹一至二层 30~40 目的尼龙网,包裹搭接时要特别小心,以防下管时尼龙网脱落。滤料的选择与放置也十分重要,应分层分类放置,下层用中粗砂,上层用粒径 10~25 mm 的碎石,这样可以有效防止下部细泥沙上涌。滤料需保持洁净,规格为含水层筛分粒径的 5~10 倍。在投放滤料前,应先清孔并稀释泥浆到密度 1.05 g/cm³。投放时要沿着井管周围均匀进行,投放量不得小于计算量的 95%,且不能用反斗车一次性投放。当滤料填至井口下 2 m 左右时,应用黏性土填实夯实,以确保整个降水井的稳定性和过滤效果。

(5)降水设备安装的监控。

在降水设备安装过程中,监理人员需进行严格的监控。他们必须检查设备的各个部件是否完好无损,电缆是否绝缘良好并牢固地捆绑在排水泵上,这是确保设备安全运行的基础。同时,为了防止水逆流,吸水管底部应设置逆止阀。水泵放置到位后,必须固定,以防移动或倾斜。降水系统安装完成后,应立即进行洗井,并在水泵试抽水合格后方可正式投入使用。此外,降水系统的所有部件连接必须严密,绝对不能出现漏气、漏水或漏电的情况,这是保证降水设备正常运行和施工人员安全的关键。

(6)降水管理的监控。

①降水井点系统应设双路电源供电或设置应急发电设备,确保连续供电。

②降水应使地下水位保持在基底以下设计规定的深度。停止降水时,必须验算渗水量和明挖结构的抗浮稳定性,当不能满足要求时,不得停泵。

③降水井周围应布置水位观测孔,对基坑内外的水位变化进行监控。

④施工前必须查明施工场地的水文地质情况,了解承压水层的水头情况,并验算抵抗坑底隆起的稳定性,并采取相应的治理措施。

⑤降水观测孔设置应符合下列规定。降水基坑为两个以上含水层时,应分层布设。还有就是临近地表水、地下给排水管道附近的渗水层和邻近建筑物时,应增加观测点。而且降水期间应对地下水的水位、流量和各类降水设备运转情况进行观测。并且降水期间做好现场降水记录,降水前观测初始水位高程,以后定期

观测,雨季应增加观测密度。这期间,降水抽出的地下水含泥量应符合规定,发现水质浑浊时,应分析原因,及时处理;此外,监理对降水状态,每班不得少于两次巡视,每次巡检间隔3~4 h,并做好巡检记录,检查施工人员夜间值班情况及施工单位降水记录表。另外,降水全过程必须做好坑外邻近建(构)筑物、地下管线等的监测工作,当建(构)筑物、地下管线的变形速率或变形量超过警戒值时,立即采取紧急措施来控制对周围环境的有害影响。

⑥工地现场应备足水泵,抽水期间每天24小时值班,做好抽水记录,并上报。

表4-8　降水井施工质量检验标准

序号	检查项目	允许值或偏差	检查数量	检查方法	备注
1	井管沉放深度(m)(与设计标高比)	±0.2	≥50%井数	钢尺量测	
2	井管间距(m)(与设计相比)	±0.1		钢尺量测	
3	滤料规格	符合规范要求	100%	级配单验收与目测	
4	过滤砂砾料填灌(与计算值相比)	高出滤管顶端2 m滤料体积≥95%		测绳量测料面标高	
5	井管口段黏土封填	封填柱高>1.5米,分段捣实,基本不漏水、气	≥50%井数	测绳量测料面标高	
6	井管沉放深度(m)(与设计标高比)	±0.15	全数	钢尺量测	
7	井管间距(m)(与设计相比)	±0.1	≥50%井数	钢尺量测	降压井
8	滤料规格	符合规范要求	按料批数	级配单验收与目测	

3. 降水工程的事后控制

降水工程的事后控制是确保工程质量和安全的重要环节。在降水工程结束前,必须经过设计、业主、施工和监理的共同确认,并会签相关文件,以确保所有工作都符合规定和要求。降水管拆除后,为了防止地下水的渗漏和污染,必须采取适当的堵塞和防渗漏措施,并报监理审批,以确保措施的有效性和合规性。同时,在选择堵孔材料时,应采用高于底板一级的防水微膨胀混凝土,以提高堵孔的质量和耐久性。这些事后控制措施的实施,可以有效保障降水工程的质量和安全,为后续工程的顺利进行打下坚实的基础。

4. 降水工程安全监理控制要点

(1)井点施工操作人员应受过安全技术教育,熟悉施工安全操作的要求,并有一定的专业知识和工作经验。操作之前,应对所用器械认真检查,若不符合安全技术要求,应及时修理或更换。机组人员应熟悉并遵守操作规程,定时作好记录,发现问题及时报告及时处理。

(2)井点机组运行前,应认真做好各种检查;运行时,真空泵的真空度与井管长度相适应。发现漏气或阻塞,应立即查明原因并妥善处理。

(3)井点系统管路上不宜堆土,不得直接行驶车辆,不得做缆风绳、攀脚绳的地锚使用。与道路交叉处,应做防护措施。基地地下水的水质有腐蚀性时,井点系统应采用抗腐材料。冬季施工,应有防冻措施,停泵后须立即把内部积水放净。

(4)冲沉井管时,应预先检查井管安装是否牢固,如有松动,则应旋紧。冲沉井管必须由专业人员按有关的操作顺序和规定进行操作。进水应清洁,无杂质、沉淀物。为防止塌孔,应采用护口套筒。若孔深不足或塌孔使孔淤塞,须重新冲孔。

(5)井点系统搬运、安装、拆卸时,应保护外露连接部件。泵体机组基座应设在平整、坚固、不积水的地坪上,下面用垫木铺垫稳固。设备应齐全,安装要牢固,转动部位加润滑油。

(八)深基坑开挖与回填监理措施

开挖前督促施工单位必须做好降水措施。深基坑专项施工方案必须经专家评审通过后方可实施。基坑开挖应严格按照施工方案进行,分层分段放坡进行,土方进行机械挖土,人工配合,并按规范进行放坡。机械挖土应严格注意桩的位置,施工单位应派专人进行指挥,严禁碰撞工程桩。开挖前必须组织好挖土的机械设备并及时到位。(总监签发基坑开挖令后方允许基坑开挖作业)

1. 项目监理需对施工单位提交的下列文件进行审批

项目监理在基坑工程开工前,需要对施工单位提交的多项关键文件进行审批。这些文件包括:工程开始前的地面标高测量记录图纸,以确认基坑开挖的范围、挖出土方的堆放位置,以及需挖除或保护的地下设施位置;开挖、土方运输、回填及压实的方法,以确保施工过程的科学性和安全性;降水系统的设计、安装和操作程序,这是保证降水工程有效运行的基础;减少基坑回弹及施工期间引起的构筑物沉降量的措施,这是保障工程稳定性和安全性的关键;同时,对于需要保护的地下设施,施工单位需提交不产生不利影响的保护措施;最后,项目监理还需审批建议的回填材料样品,以确保回填材料的质量符合工程要求。这些审批环节对于确保整个基坑工程的质量和安全至关重要。

2. 场地清理

施工范围内的场地都应清除干净。清除物包括各类构筑物障碍物、垃圾、树木等。由于场地清除而留下的空洞应用指定材料回填并压实到施工所需状态。

3. 开挖

在开挖前监理需对施工单位提交的开挖程序进行审批,由总监签发基坑开挖令。在开挖中由施工单位使用的工作方法、施工设备和临时工程不得影响任何公共设施,包括管道、排水沟、电缆、通道,也不得使任何地上地下的结构物失稳。再者基坑遇有地下水时应要求施工单位先降低地下水位,再进行开挖,使基础建筑在干燥稳定的原土之上,以保证坑底的地基承载能力。还有就是在施工排水过程中不得间断排水,并应对排水系统加强检查和维护。当构筑物未具备抗浮条件时,严禁停止排水。而且开挖不应过早开始,开挖后应立即布置施工。开挖应按照图纸所示的界线进行,或按照项目监理指示的界线进行。所有开挖一开始就要确保安全,以防地面凹陷,或影响附近的地面和结构物。并且在挖土过程中,应充分重视控制基坑变形,减少基坑在无支撑情况下的暴露时间。基坑挖土应分层进行,分层厚度可根据具体情况确定,一般控制在 2~3 m。

在开挖期间,应注意避免由于挖沟暴露在空气中或由于施工设备和施工人员的通行而引起的地层的扰动。在出现扰动的地段,于下一阶段施工开始之前,坑底以上的最后 200 mm 土应用人工及时进行开挖。基坑开挖至设计高程后,应及时组织验收并立即抢浇混凝土垫层,紧接着扎底板钢筋和浇捣底板混凝土。基坑开挖的质量应符合:天然地基应不被扰动,地基处理应符合设计要求;基底高程允许偏差应为 20 mm;底部尺寸不妨碍构筑物施工,并在开挖基坑时,需在上部质量较差段挖去 0.5 m;边坡符合规定;支撑必须牢固安全。此外,开挖采用的支撑系统必须符合设计文件中的规定,挖土过程中应密切注意并及时妥善处理围护结构的渗漏水。

4. 流砂

应注意现场底下的黏质粉土产生流砂的可能性,当在该层土工作时应采取必要的措施,如降低地下水位、地基处理等或其他有效措施。

5. 场地上的物料堆放

只有项目监理批准,物料方可在场地上分类堆放。需用的开挖土料可安排临时堆放,临时土堆应始终保持稳定和良好的排水。而且基坑边不宜堆置土方或其他设备和材料,尽量减少地面超载。并且场地上永久性的堆土形状按设计文件要求或项目监理指定形状堆放。

6. 回填

回填系指完工构筑物的周围及上部回填至图纸中所表示的设计标高。回填应符合施工规范和 GB50141—2008 标准的要求。在这过程中,结构物未经项目监理检查,不得开始结构物周围的回填。在开始回填之前,必须从开挖处去除所有的模板和余土,且混凝土必须达到规定的强度。在回填期间,施工单位应保持回填区无水。完工的结构物上部和周围应均匀分层回填,以防止结构物受到不均匀荷载和外力,并应小心压实。分层的厚度与回填土料性质及使用的施工设备类型有关,但在任何情况下,不得超过 300 mm。其中,回填材料应根据设计文件的要求在不同的区域采用中粗砂或黏性土。无树皮、草根等杂质,严禁混入垃圾。回填前,应控制所有回填砂、土的含水量,并选择合适的压实措施以达到设计文件中的压实度要求。此外,施工单位应该安排好回填(包括结构上填料)的时间和速率,使该部分结构内不产生过高应力、不受损伤或引起危险。填料应分层,做好排水,防止水的积聚。构筑物周围的填土应均匀进行,防止产生不均匀荷载。施工场地在施工结束后应迅速复原,复原的场地状况应取得项目监理和相关管理部门的认可。

7. 土方处置

如果挖出土的性质合适,施工单位可按项目监理的指示单独临时堆放,用作日后基坑复原的回填土。不需要或不适宜再回用的挖出物,施工单位应在场地外寻找合适地方处置。施工单位应对其外运和最终处理负责,施工场地不应留有无用的障碍物。

五、预埋件、预留孔质量监理措施

自来水厂工程预埋管件、预留孔洞数量庞大,结构形式多种多样。预埋件和预留孔在土建施工阶段必须预埋(留)到位,否则后期凿除对池体损害较大。预埋位置多和管道、设备基础有连接,位置要求准确。如何控制好这些预埋件和预留孔质量和数量,确保位置准确,数量无遗漏,是监理工程师的一项重要工作。

(一)组织关于预埋件的图纸会审

预埋件容易出现的问题主要有:一方面是各专业(结构和工艺)间预埋件不一致。另一方面现场和图纸不一致。对于第一种情况,须建立关于预埋件的图纸会审制度。图纸下发后。总监理工程师组织总承包单位、安装单位对图纸预埋件进行会审。争取在结构施工前发现问题,做好预控。同时也可以通过这项工作划分好各单位工作界面。而且涉及设备安装定位的预埋件、预留孔验收,应组织土建单位和设备安装单位联合验收。施工图审图阶段,监理工程师应核对各专业图纸对预埋件、预留孔的标识,了解预埋(留)的工艺目的。按照单体为单位,整理预埋件、预留孔清单。在立模、钢筋绑扎阶段,通过日常巡视,专项检查,核对预埋件、预留孔数量及位置,逐件销项。

(二)预埋(留)质量

预埋件固定牢固,预留洞口加固钢筋必须绑扎到位。还有就是用于固定设备的基础预埋件埋深必须符合设计和设备要求。用于接地的预埋件必须经过接地测试。再者就是预埋带法兰的管件,接触混凝土的一侧必须清除防腐层,清除焊渣,确保与混凝土接触良好。预留孔洞下侧易产生混凝土空洞,在混凝土浇捣期间应用小型振捣棒振捣密实。预埋在一期混凝土中的锚栓或锚板,应按设计图样制造,由土建施工单位预埋,并在混凝土开仓浇筑之前,会同有关单位对其预埋位置进行检查核对。此外,预埋件安装前作业范围内如模板等杂物必须清除干净。混凝土的结合面应全部凿毛,二期混凝土的断面尺寸应符合图样要求。另外,预埋件安装调整好后应调整螺栓,使其与锚板或锚栓焊牢,确保预埋件在浇筑二期混凝土过程中不发生变形或位移。若对预埋件的加固另有要求时,应按设计图样要求予以加固。

预埋件安装经检查合格,应在5~7天内浇筑二期混凝土。混凝土一次浇筑高度不宜超过5 m,在浇筑过程中应防止撞击,并应采取措施捣实混凝土。预埋件二期混凝土拆模后,应对预埋件进行复测,作好记录,并检查混凝土面尺寸,清除遗留的钢筋和杂物。同时,预埋件工作表面对接接头的错位应进行缓坡处理。工作面的焊疤、焊缝余高以及凹坑应铲平、焊平和磨光。除此之外,预埋套(墙)管、预埋件、预留孔在各种设备基础安装前,需进行测量验证,各种构筑物的定位坐标、标高经验测符合设计图纸要求后,方可进行设备安装。其中,预埋件安放前对其制作质量进行抽查,检查与其设计图纸符合程度,包括材料质量、加工焊接质量、防腐质量等验证。在这过程中,预埋管及预埋件安装后,检查其数量、位置与图纸的一致性,安装位置常规(特殊要求除外)允许偏差(上下)±10 mm,深度(进出)±10 mm,水平(左右)10 mm。

(三)穿墙管施工质量

盛水构筑物池体与工艺管道的连接都需要穿墙管。尤其在生物池及二沉池等关键构筑物,穿墙管数量多,口径大。穿墙管质量控制不好容易产生渗水现象。为避免发生这一现象,应在安装工艺管道前,各盛水构筑物应做满水试验。而且穿墙处应设穿墙套管,套管与各管道之间应用柔性材料填塞密实,以抵消池外管道和水池的沉降不均匀。并且大口径管道的沉降量大,管道基础应加固。此外,阀门井与外管连接。两者的沉降差距大,阀门井、流量计井沉降量一般大于管道沉降量。要严格控制两者间的施工顺序。先做井,再敷设管道,利用时间差消除沉降差。

六、盛水构筑物常见问题及监理措施

盛水池体容易出现渗漏、不均匀沉降、池体开裂等现象。出现这些现象的原因很多,施工过程中地基处理不好,配筋不合理,混凝土配合比控制不好、满水试验过快等都可能导致池体出现问题。透过现象看本质,我们分析了以上质量缺陷的成因,提出针对性的监理要点:

(一)池体沉降量过大

项目紧邻黄浦江,地质较差,施工稍有疏忽,容易发生超过设计允许范围的过量沉降,造成与池外管道连接处脱开或断裂,影响正常使用。

1. 原因分析

一是施工中基坑排水和降水措施不周,地下水位上升、地下水涌入、雨水冲刷,地基原状土受浸变软,降低了地基土的承载能力。二是基底下土体超挖,原状土受到扰动,破坏了地基持力层的土层结构,使其抗剪强度降低。

2. 监理措施

督促施工单位注意基坑施工排水设备状态及其降水效果。当采用井点降水时,应使地下水位降至坑底标高面以下不小于 0.5 m。不得使地基原状土受地下水的浸泡。在雨季,要作好预防措施,防止坑外雨水流入基坑,坑内明水应及时排出,以避免基底土体受浸变软。在基坑开挖过程中,督促施工单位经常测量和校核其平面位置及坑底标高。为防止基底原状土扰动和超挖,在接近设计坑底标高时,机械挖土应预留 20~30 cm 厚的土层,再用人工开挖修平,保证标高符合设计要求。基坑开挖至设计标高后,应及时组织验收和下一道工序的施工,以防留置时间过长,造成基底扰动。如不能立即进行下一工序施工,基底设计标高以上应留 20~30 cm,待下一工序开始前再挖。如由于偶然的失误,局部发生超挖,且超挖深度不大时,可采用原土回填夯实,其密实度不应低于原地基的天然密实度;当地基含水量较大时,可回填卵石、碎石或级配砂石。并且,根据基底及其下卧土层情况,适当预留沉降量。但应通过计算和分析,预先对构筑物做适当的抛高,使构筑物沉降稳定后达到或接近设计标高。

(二)构筑物出现不均匀沉降

构筑物结构在施工或使用过程中,易产生不均匀沉降,导致构筑物倾斜,引起池(井)壁开裂,严重影响构筑物的正常使用。施工前应认真查阅设计图纸、地质钻探报告等有关资料,必要时可申请补做勘测。

1. 原因分析

（1）地基土质不均匀，其物理力学性能相差较大，或地基土层厚薄不均匀，压缩变形差异过大。

（2）施工先后顺序及方法不当，使构筑物基底下土层产生不均匀压缩。

（3）构筑物附近地面有大量不均匀堆载。

（4）水池满水试验或初次使用时，同一水池各格间或相近水池间充水不同步，造成池底下部土层受力不均匀。

（5）受临近构筑物施工时人工降低地下水位的影响，使池底土层产生不均匀排水固结，引起构筑物不均匀沉降。

（6）施工时由于超挖或基坑浸水等原因扰动或破坏了地基持力层的原状土结构，使其抗剪强度降低，造成构筑物倾斜。

2. 监理措施

（1）建议施工时应按先地下后地上、先深后浅的施工顺序，并应防止构筑物交叉施工时的相互干扰。

（2）督促施工单位在已有构筑物或基坑附近，不得大量堆放土方或建筑材料。尤其要注意不得在构筑物单侧或局部范围内堆放重物。

（3）要求施工单位在构筑物附近开挖施工时，回填土应四周均匀分层夯实，严禁单侧用推土机回填。

（4）遇基底土质或土层不好时，要求施工单位做适当的地基处理，如采用换土垫层法，确保基底土体受力均匀，避免土层压缩变形相差过大而使构筑物倾斜。

（5）要求施工单位在做水池等构筑物做满水试验时，同时向各格分层次均匀注水，力求使整个水池底板的形心与注水后的重心相重合，使基底下土层持力层受力均匀。

（6）当水池等构筑物底板下局部遇有暗浜、孔穴、杂填土等不良土层时，可对整个底板下土体进行适当的地基处理，不得使同一池底下土体软硬不同，土层受力后压缩不均匀。

（7）人工降低地下水位时，应根据工程和土层的特点，对降水深度和范围以及可能造成的危害做认真的分析和研究，必要时可采用降水与回灌水或降水帷幕相结合的施工工艺，保护原有构筑物的安全。同时在构筑物四周设立沉降观察标志，在施工期间进行定期沉降观察，防止构筑物基底因发生不均匀排水固结而倾斜破坏。

（三）构筑物施工期间上浮

在施工期间，由于水池等构筑物自身还未具备抗浮条件，若基坑内地下水位上升或大量水涌入，达到一定标高使构筑物上浮，偏离了原设计位置，甚至出现底板或池(井)壁开裂等严重事故。

1. 原因分析

构筑物上浮的主要原因是由于施工时基坑排水不力,或地下水位降低未达到计算要求,构筑物所承受水的上浮托力大于其自身重量所致。一方面,井点降水等排水设备,因突然停电、机械故障等原因,致使基坑内地下排水中断,坑内涌水,水位升高,或发生特大暴雨,以致基坑上的土堤或围堰进水,大量地面雨水径流涌入坑内,引起构筑物上浮。另一方面,部分地下结构刚施工完,构筑物尚未具有抗浮重量之前,就停止降低地下水措施,造成构筑物上浮。

2. 监理措施

(1)督促施工单位经常检查排水设备,确保其运转良好,并应事先考虑一旦突然停电、抽水设备发生故障,防止构筑物上浮的应急措施。如使用两路电源,配有备用设备,紧急时可让构筑物预留孔进水或向构筑物内灌水等。

(2)要求施工单位在基坑开挖后周围应设排水沟或挡水堤,防止在暴雨时,地面雨水流入基坑内。挖土放坡时,坡顶和坡脚至排水沟均应保持一定距离,一般为 0.5~1.0 m。

(3)要求施工单位在地下水位以下挖土,且采用明排水时,应在坑底开挖标高处设排水沟和集水井,并使开挖面、排水沟和集水井始终保持一定高差。当基坑深度较大,地下水位较高以及坑底上部有透水性较强土层时,应采用分层明沟排水法。

(4)大而扁平的水池、泵房等构筑物在完成下部结构后,而上部结构、设备等荷载尚未上去前,应进行抗浮验算,确保已完成部分结构重量足够具备其自身抗浮稳定时,方能停止降低地下水措施。

(5)基坑较深,应了解基底下土层是否有承压水。如有承压水,且其上覆土重不足以抵挡下部的水压时,必须在采取适当的措施后(如深井点降低承压水头、基坑底部地基加固),方可施工。

(四)盛水构筑物渗漏

项目新建沉清叠合池、"V"形滤池、反冲洗泵房等,为半地下式,防水抗渗要求高,施工时须控制裂缝的发展,除地基承载力不足或不均匀而引起构筑物开裂外,主要是由于温差和混凝土干缩引起的变形裂缝。一般来说,这些裂缝的长短不一,宽度不同,互不连贯,池(井)壁中间裂缝较密、较宽,在 0.5 mm 左右。根据经验,裂缝多发生在施工期间或启用后不久。敞开式无顶板水池,裂缝常出现在池(井)壁上部,呈上宽下窄状。有顶板或刚度较大的圈梁的,裂缝大多出现在池(井)壁中部,呈中间宽两端窄的棱形状。有时表现为壁外宽、壁内窄的贯穿裂缝和外表面裂缝,造成池(井)壁严重渗漏水,危害性很大。

1. 原因分析

(1)池(井)壁较薄时,水泥的水化热温升较高,降温散热较快,在干缩和温缩的共同作用下,池(井)壁收缩变形较大,易引起混凝土产生收缩裂缝。

(2)池(井)壁受底板和另两侧池(井)壁<或隔墙)的约束,不能完全自由伸缩,具有较大的约束作用力。如果混凝土浇筑时气温较高,加上水泥的水化热作用,混凝土内部温度较高。当混凝土降温收缩,池(井)壁边缘的约束不能满足其要求的收缩变形时,会在混凝土内部产生很大的拉应力,出现贯穿性裂缝。

(3)池(井)壁一侧内充满水体,另一侧受室外气温,尤其是夏季高温的影响,外侧表面温度高于内侧。此时外侧表面受到内部混凝土的约束,引起壁面外挠,在池(井)壁中部发生部分变形,产生很大拉应力;而内侧水温较低,而产生压应力。当池(井)壁较长,且边缘受到底板、隔墙或梁等的约束时,易产生较大的温差变形裂缝而使构筑物渗水。而且,随着季节的交替,长期暴露在大气之中的构筑物,承受反复的温差,剧冷剧热,反复的干湿作用,结构内部不断产生裂缝和裂缝扩展。这种累积损伤可能使混凝土的宏观裂缝出现的时间延续数年之久。

2. 监理措施

(1)建议设计措施。

在配筋构造上,建议设计适当增配构造钢筋,使其能起到温度筋的作用,构造筋尽可能地采用小直径、小间距。而且对于无顶板的敞开式水池,宜在池(井)壁顶设置暗圈梁或加劲肋,以增加池(井)壁顶部边缘的混凝土极限拉伸强度,防止出现边缘效应引起的裂缝。并且池(井)壁上的穿墙孔,预埋管道应增配构造加固钢筋或护边角钢,防止出现孔口边缘应力集中而开裂。此外,对于长而大的池(井)壁,有条件的可在池(井)壁外侧砌砖墙或其他保温砌块,使之既可作为施工时的外模,又可作为永久性的保温层,有效地减少池(井)壁的内外温差,降低水化热降温引起的拉应力,防止池(井)壁开裂。

(2)施工措施。

严格控制混凝土原材料的质量和技术标准,特别是在泵送混凝土工艺中,一定要采取"精料方针",而且粗细骨料的含泥量应尽量减少(1%~1.5%)。严格控制水灰比,宜掺入适当的减水剂。混凝土振捣要密实,振捣时间以 5~15 s/次为宜。混凝土加料不应太快,应分层浇筑。对于地下或半地下工程,拆模后应及时回填土。土是混凝土最佳的养护介质,能有效地控制混凝土早期、中期的开裂。加强混凝土早期养护,并适当延长养护时间,可以保持混凝土表面湿润,防止混凝土表面温度的急剧升降。对于较薄的池(井)壁,产生裂缝的主要因素是收缩。应尽量提高池(井)壁混凝土一次浇筑的高度,减少施工冷缝,施工时应分层浇筑混凝土,同时要预防激剧的温度变化和湿度变化。另外,夏季施工时,由于气温高,混凝土内部的水分蒸发较快,对混凝土的抗裂极为不利。应着重采取减少温升的措施。如搭设遮阳简易棚;在池(井)壁表面经常喷洒冷水等。

(五)穿墙对拉螺栓渗水

1.原因分析

井壁在水压力作用下,在固定模板用的穿墙对拉螺栓部位出水。一方面,穿墙对拉螺栓未做防水处理,与混凝土黏结不紧密,混凝土硬化收缩后沿穿墙对拉螺栓杆渗水;另一方面,穿墙对拉螺栓端部混凝土保护层厚度不足,螺栓杆锈蚀引起周围混凝土膨胀爆裂后渗水;

2.预防措施

固定模板用的穿过混凝土池(井)壁的对拉螺栓必须有止水措施,一般采用如下方法:

(1)在对拉螺栓上加焊止水环,止水环必须满焊。止水环直径一般为8~10 cm。对于厚度较大的池(井)壁可加焊多道止水环。

(2)还有就是应选用能拆卸的加有堵头的穿墙对拉螺栓。螺栓拆卸后,混凝土壁面应留有4~5 cm深的锥形凹槽。堵头拆除后,在锥形凹槽内用膨胀水泥砂浆封堵,以防止对拉螺栓端部锈蚀而引起渗水。

(六)池底表面找平层起壳、剥落

构筑物在钢筋混凝土底板基面上用水泥砂浆找平,使用后在水的长期浸泡下,找平层出现局部龟裂、起壳、隆起或剥落现象,影响构筑物的正常使用。

1.原因分析

(1)混凝土基面原因。如混凝土基面未清理干净,表面有油污、浮尘等杂质,或表面太光滑、太干燥,降低了找平层的黏结力。

(2)找平层材质原因。如水泥砂浆的水灰比过大,水泥的安定性差,砂粒过细等。

(3)施工方法上的原因。如找平层厚度不均、一层抹灰太厚(或太薄),引起板面找平层不均匀收缩,从而使找平层产生局部龟裂或起壳现象。

(4)养护上的原因。如找平层养护不及时或方法不当,致使找平层产生干缩裂缝或温差裂缝。

2.预防措施

对于钢筋混凝土排水构筑物底板,应尽量不采用水泥砂浆来对池底表面进行找平抹光处理,而应在浇筑混凝土底板的同时,随浇随找平抹光,这就在根本上避免了由于找平层隆起、剥落而影响构筑物的正常使用。如设计或施工上确实需要做水泥砂浆找平层,应注意如下事项:

（1）底板混凝土的基面处理是保证找平层表面与底板结合牢固、不起壳和密实不透水的关键。基面处理包括清理表面杂质、刷洗、补平、凿毛、浇水湿润等工序，使混凝土基面保持潮湿、清洁、平整、坚实、粗糙、无积水。

（2）严格按配合比要求配制找平层水泥砂浆。选用 P·O42.5 号以上的普通硅酸盐水泥。不同品种或不同标号水泥不得混用。砂应采用粒径不小于 0.5 mm，最大粒径不大于 3 mm 的坚硬、粗糙、洁净、级配良好的中、粗砂。必要时砂浆内可掺入氯化物金属盐类防水剂或其他外加剂，以提高水泥砂浆的防水抗裂性能。

（3）水泥砂浆找平层厚度必须均匀。当底板混凝土基面凹凸不平、超过 1 cm 时，应剔成缓坡形，浇水洗净后用素灰和水泥砂浆分层交替抹到与基面相平。水泥砂浆找平层整体厚度一般为 15~20 mm。施工时须分层铺抹，每层厚度宜为 5~10 mm。铺抹时应压实，表面提浆压光。

（4）加强对找平层的养护工作。应经常浇水，保持表面湿润。养护时间不少于 14 d，养护温度不宜低于 5 ℃。

七、构（建）筑物主体及附属结构质量监理措施

项目沉清叠合池、"V"形滤池、反冲洗泵房等构（建）筑物主要为钢筋混凝土工程，且有水和无水的载荷差大，既要抗渗防漏，又要杜绝不均匀沉降，同时还要具备一定的抗浮能力。在施工过程中，监理工程师需对各道工序施工进行严格把关，按程序控制，每道工序施工，严格执行"三检制"制度，施工方自检合格后，报监理工程师验收，经监理工程师验收合格后，方允许进入下一道工序施工。

（一）钢筋混凝土主体结构工程施工监理措施

1. 事前监理控制要点与方法

（1）钢筋应有厂家建材产品认证证书、出厂质量证明书和试验报告单。钢筋表面或每捆（盘）钢筋均应有标志，进场前应按批号及直径分批检验。检验内容包括查对标志，外观检查，按现行国家有关标准的规定抽取试样做力学性能试验，试验内容应包括屈服强度、极限强度、伸长率、冷弯，进口钢材还应进行化学成分试验。合格后向监理部申报进场，监理工程师批准后方可进场使用。钢筋在加工过程中，如发生脆断、焊接性能不良或力学性能显著不正常现象，应根据现行国家标准对该批钢筋进行化学成分检验或其他专项检验。

（2）对有抗震要求的框架结构纵向受力钢筋应进行检验，检验所得到的强度实测值，应符合下列要求：

①钢筋的抗拉强度实测值与屈服强度实测值的比值不应小于 1.25。

②钢筋的屈服强度实测值与钢筋的强度标准值的比值，不应大于 1.3，且钢筋在最大拉力下的总伸长率实测值不应小于 9%。

（3）钢筋在运输和储存时，不得损坏标志，并应按要求分批堆放整齐，避免锈蚀或油污。

（4）钢筋的级别、种类和直径应按设计要求采用。当需要代换时，应征得设计单位的同意，并应符合下列规定：

①不同种类钢筋的代换，应按钢筋受拉承载力设计值相等的原则进行。

②当构件受抗裂、裂缝宽度或挠度控制时，钢筋代换后应进行抗裂、裂缝宽度或挠度验算。

③钢筋代换后，应满足混凝土结构设计规范中所规定的钢筋间距、锚固长度、最小钢筋直径、根数等要求。

④对于重要受力构件，不宜用Ⅰ级光面钢筋代换变形（带肋）钢筋。

⑤对有抗震要求的框架，不宜以强度等级较高的钢筋代替原设计中的钢筋，当必须代换时，其代换的钢筋检验所得实际强度，还应符合相关规定。

⑥预制构件的吊环，必须采用未经冷拉的Ⅰ级热轧钢筋制作，严禁以其他钢筋代换。

2. 事中过程监理控制要点与方法

（1）钢筋加工的形状、尺寸必须符合设计要求，钢筋的表面干净、无损伤，油渍、漆污和铁锈等应在使用前清除干净。带有颗粒状或片状锈的钢筋不能使用。

（2）钢筋应平直，无局部曲折。钢筋的弯钩或弯折应符合有关规定。

（3）钢筋加工的允许偏差，应符合下表规定：

表 4-9　钢筋加工的允许偏差（mm）

项目	允许偏差
受力钢筋顺长度方向全长的净尺寸	±10
弯起钢筋的弯折位置	±20

（4）钢筋焊接的接头形式、焊接工艺和质量验收，应符合国家现行标准《钢筋焊接及验收规程》的有关规定。钢筋焊接接头的试验方法应符合国家现行标准《钢筋焊接接头试验方法》的规定。

（5）钢筋焊接前，必须根据施工条件进行试焊，合格后方可施焊。焊工必须有焊工考试合格证，并在规定的范围内进行焊接操作。

（6）本工程的规定。

①竖向构件中大于或等于 Φ22 的纵向钢筋采用直螺纹连接，小于 Φ22 的纵向钢筋采用电渣压力焊或绑扎。

②梁内大于或等于 Φ22 的纵向钢筋采用直螺纹和闪光对焊连接，小于 Φ22 的

纵向钢筋采用电弧焊连接。

③地下室底板钢筋采用直螺纹连接和电弧焊连接。

(7)当受力钢筋采用焊接接头时,设置在同一构件内的焊接接头应相互错开。在任意焊接接头中心至长度为钢筋直径 d 的 35 倍且不小于 500 mm 的区段内,同一根钢筋不得有两个接头;在该区段内有接头的受力钢筋截面面积占受力钢筋总截面面积的百分比,应符合以下规定。

①基础及地下室按同一截面的钢筋搭接接头面积不超过该截面钢筋总面积 50%。

②配双层钢筋现浇板按同一截面的钢筋搭接接头面积不超过该截面钢筋总面积 25%。

(8)焊接接头距钢筋弯折处,不应小于钢筋直径的 10 倍,且不宜位于构件的最大弯矩处。

(9)钢筋的绑扎应符合下列规定。

①钢筋的交叉点应采用铁丝扎牢。

②板和墙的冷轧带肋钢筋网,除靠近外围两行钢筋的相交点全部扎牢外,中间部分交叉点可间隔交错扎牢,但必须保证受力钢筋不产生位置偏移;双向受力的钢筋,必须全部扎牢。

③梁和柱的箍筋,除设计特殊要求外,应与受力钢筋垂直设置;箍筋弯钩叠合处,应沿受力钢筋方向错开设置;

④在柱中竖向钢筋搭接时,角部钢筋的弯钩平面与模板面的夹角,对矩形柱应为 45 度角,对多边形柱应为模板内角的平分角;对圆形柱钢筋的弯钩平面应与模板的切平面垂直;中间钢筋的弯钩平面应与模板面垂直;当采用插入式振捣器浇筑小型截面柱时,弯钩平面与模板平面的夹角不得小于 45 度。

(10)钢筋绑扎网和绑扎骨架外形尺寸的允许偏差,应符合下表规定。

表 4-10　绑扎网和绑扎骨架的允许偏差(mm)

项目		允许偏差
网的长、宽		±10
网眼尺寸		±20
骨架的宽及高		±5
骨架的长		±10
箍筋间距		±20
受力钢筋	间距	±10
	排距	±5

（11）钢筋的绑扎接头应符合下列规定。

①搭接长度的末端距钢筋弯折处,不得小于钢筋直径的 10 倍,接头不宜位于构件最大弯矩处。

②受拉区域内,Ⅰ级钢筋绑扎接头的末端应做弯钩,Ⅱ、Ⅲ级钢筋可不做弯钩。

③直径不大于 12 mm 的受压 1 级钢筋的末端,以及轴心受压构件中任意直径的受力钢筋的末端,可不做弯钩,但搭接长度不应小于钢筋直径的 35 倍。

④钢筋搭接处,应在中心和两端用铁丝扎牢。

⑤受拉钢筋绑扎接头的搭接长度,应符合下表规定。受压钢筋绑扎接头的搭接长度,应取受拉钢筋绑扎接头搭接长度的 0.7 倍。受拉钢筋绑扎接头的搭接长度不小于 300 mm,两根直径不同的钢筋的搭接长度,以较细的钢筋直径计算。

表 4-11　搭接长度表

抗震等级	钢筋类型	混凝土强度等级		
		≥C40	C30、C35	C25
一、二级	Ⅰ级钢筋	30 d	30 d	35 d
	Ⅱ级钢筋	35 d	41 d	47 d
三、四级	Ⅰ级钢筋	25 d	25 d	30 d
	Ⅱ级钢筋	30 d	36 d	42 d

（12）各受力钢筋之间的绑扎接头位置应相互错开。

从任意绑扎接头中心至搭接长度的 13 倍区段范围内有绑扎接头的受力钢筋截面面积占受力钢筋总截面面积百分比,应符合下列规定。

①受拉区不得超过 25%。

②受压区不得超过 50%。

（13）受力钢筋的混凝土保护层厚度,应符合设计要求;当设计无具体要求时,不应小于受力钢筋直径,并应符合下表规定。

表 4-12　钢筋的混凝土保护层厚度(mm)

环境与条件	构件名称	混凝土强度等级		
		低于 C25	C25 及 C30	高于 C30
室内正常环境	板、墙		15	
	梁和柱		25	

续表 4-12

环境与条件	构件名称	混凝土强度等级		
		低于 C25	C25 及 C30	高于 C30
露天或室外环境	板、墙、壳	35	25	15
	梁和柱	45	35	25
有垫层	基础	35		
无垫层		70		

(14)安装钢筋时,配置的钢筋级别,直径、根数和间距均应符合设计要求,钢筋位置的允许偏差,应符合下表规定。

表 4-13　钢筋位置的允许偏差(mm)

项目		允许偏差
钢筋弯折起点位置		20
受力钢筋的排距		±5
箍筋、横向钢筋间距	绑扎骨架	±20
	焊接骨架	±10
焊接预埋件	中心线位置	5
	水平高差	+30
受力钢筋的保护层	基础	±10
	柱、梁	±5
	板、墙、壳	±3

3. 事后监理控制要点与方法

现场进行隐蔽验收时必须严格按照《钢筋混凝土施工及验收规范》和设计要求检验,如发现有违反要求的应予整改。在浇砼过程中,应有钢筋工在场,及时对浇砼过程中损坏的已绑扎好的钢筋网进行修补。

(二)模板、砼工程监理控制要点

1. 监理工作流程

(1)模板工程监理工作流程图。

模板工程监理工作流程图(如 4-1)是一个直观且系统的工具,用于明确和指导模板工程监理的每一步工作。该流程图从初步的项目准备阶段开始,明确监理的目标和任务,制订详细的监理计划。接下来进入模板工程设计审核阶段,对设计方案的合理性、安全性和可行性进行全面评估,确保设计符合相关规范和要求。

在施工过程中,监理人员要定期对施工现场进行巡查,检查模板工程的施工质量、进度和安全情况,确保施工符合设计要求和相关标准。同时,他们还需要处理施工中出现的问题,协调各方资源,保障施工的顺利进行。

最后,在工程完工后,监理人员将进行工程验收,对模板工程的质量进行全面评估。只有符合要求的工程才能通过验收,确保工程的安全性和稳定性。整个监理过程都需要详细记录,以便后续的查阅和追责。这个流程图不仅提高了工作效率,也提升了工程质量,为模板工程的安全与稳定提供了有力保障。

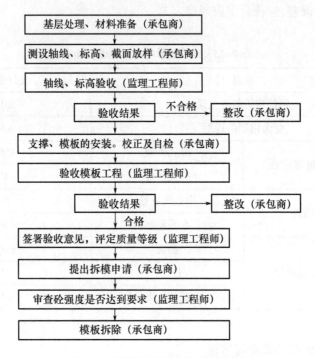

图 4-1　模板工程监理工作流程图

(2)砼工程监理工作流程。

砼工程监理工作流程(如图4-2)是确保混凝土结构施工质量的重要环节。该流程始于施工前的准备工作,监理人员需对施工图纸、施工方案以及材料来源进行严格审查,确保其符合工程要求和相关标准。在施工过程中,监理人员需密切关注混凝土浇筑、振捣、养护等关键环节,确保每一步操作都符合技术规范。同时,他们还需对施工现场进行定期巡查,及时发现并纠正施工中存在的问题,以保障工程质量和安全。施工结束后,监理人员将对混凝土工程进行全面检查,确认其质量达标后方可验收。整个监理流程中,监理人员需保持公正、严谨的工作态度,确保混凝土工程的质量和安全性。通过严格的监理流程,可以有效提升混凝土结构的质量和耐久性,为整个建筑工程的稳固性和安全性奠定坚实基础。

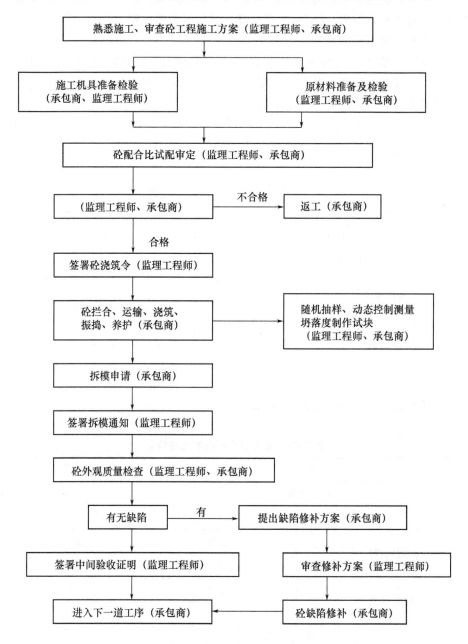

图4-2 砼工程监理工作流程图

2. 监理工作方法及监控要点

（1）模板工程控制要点。

①模板及支架必须具有足够的强度、刚度和稳定性，并能可靠地承受新浇筑混凝土的自重和侧压力，其支架的支承部分有足够支承面积。

②模板接缝不应漏浆。

③模板与混凝土的接触面应涂隔离剂，严禁隔离剂污染钢筋与混凝土接槎处。

④模板安装。模板及其支架在安装过程中，必须设置防倾覆的临时措施。而且现浇混凝土梁、板，当跨度大于或等于 4 米时应起拱，起拱高度宜为全跨长度的 1/1000~3/1000。并且，固定在模板上的预埋件和预留洞均不得遗漏，安装必须牢固，位置准确，其允许偏差见下表：

表 4-14　预埋件和预留孔洞的允许偏差

项目		允许偏差
预埋钢板中心线位置		3
预埋管预埋留孔中心线位置		3
预埋螺栓	中心线位置	2
	外露长度	+10　0
预留洞	中心线位置	+10
	截面内部尺寸	+10　0

现浇结构模板的允许偏差，应符合下表：

表 4-15　现浇结构模板的允许偏差

项目		允许偏差
轴线位置		+5
底模上表面		±5
截面内部尺寸	基础	±10
	柱、墙、梁	+4-5
层高垂直度	全高≤	6
	全高>	8
相邻两板表面高低差		2
表面平整（2 m 长度上）		5

⑤模板拆除。现浇结构的模板及其支架拆除时的混凝土强度当设计无规定时,应符合下列规定:模板在混凝土强度能保证其表面及棱角不因拆除而受损坏,即可拆除;底模在混凝土强度符合上表规定后即可拆除。

表 4-16 现浇结构拆模时所需混凝土强度达到下表值

结构类型	结构跨度(M)	按设计的砼强度标准值的百分比计(%)
板	≤2	50
	>2 ≤8	75
	>8	100
梁、拱、壳	≤8	75
	>8	100
悬臂构件	≤2	75
	>2	100

(2)混凝土结构工程控制要点。

①严格控制原材料。

②严格进行钢筋验收、检查模板、轴线位置、几何尺寸及支撑情况。

③审查混凝土浇筑施工方案、施工现场布置、人员组织、机械设备、技术保障措施。

④检查施工单位施工前的准备工作,包括人员组织、机械状况、材料准备、试块模具。

⑤现场控制要点。

浇筑混凝土前,要求施工单位人员对模板内及钢筋上的杂物和污物清理干净,对模板的缝隙和孔洞应予封堵,模板浇水湿润,不得有积水。在浇筑竖向结构混凝土时,先在底部填与混凝土配比相同的水泥砂浆,不得发生离析现象。而且在混凝土浇筑过程中,严格控制浇筑层厚度,混凝土入仓后应及时平仓,不得使用振捣器平仓,经常观察模板、支撑、钢筋等情况,发现有变形、移位时应及时采取措施进行处理。混凝土振捣由专人负责,捣实混凝土的移动间距,不得大于振捣器作用半径的 1.5 倍,振捣器与模板的距离不应大于其作用半径的 0.5 倍,避免碰撞钢筋。另外,混凝土浇筑应连续进行,不得无故中止。

⑥混凝土养护检查。

混凝土浇筑 12 小时进行覆盖养护。混凝土养护时间,普通硅酸盐水泥、硅酸盐水泥不少于 10 天;矿渣硅酸盐水泥、粉煤灰硅酸盐水泥不少于 15 天;防水混凝土不少于 14 天。浇水次数应保证混凝土呈湿润状态,混凝土的养护用水与拌制用水相同。此外,混凝土强度未达到 $1.2 \, n/mm^2$ 时,不得在其上踩踏;养护 4 天以上才能拆模,拆模小心避免损坏混凝土结构的边角部位,同时加强混凝土结构表面的保护工作。

表 4-17　混凝土工程控制要点

序号	控制内容	技术质量要求	控制方法
1	配合比计量	水泥、水 1%,碎石、黄砂 2%	抽查、磅秤量
2	坍落度	符合设计要求和实验室提供数据	抽查
3	试块	按有关要求制作养护	旁站制作、检查标养室温度、湿度
4	搅拌时间	符合规范要求	监理旁站
5	砼间歇时间	不超过规范规定	监理旁站
6	砼振捣	每一点振捣时间控制在 30 s,插入或振捣移动间距不小于 1.5 倍作用半径	监理旁站
7	施工缝处理	凿毛洗净,洗二期砼前铺 15~30 mm 同配比砂浆	检查验收
8	养护	浇水覆盖时间不小于规范和设计时间	检查
9	轴线位移	底板 15 mm、墙 10 mm、砼垫层 20 mm	经纬仪、拉线量
10	顶面标高	底板、墙体±10 mm,垫层±15 mm	水准仪
11	断面尺寸	底板±20 mm,墙体±10 mm,垫层 50 mm	钢尺量,上、中、下各一点
12	垂直度	墙 H/400	垂线或经纬仪
13	表面平整度	墙、垫层、底板 5 mm,护坡 10 mm	2 m 靠尺量
14	麻面	累计面积不超过所在面积的 0.5%	钢尺量、目测

表 4-18　混凝土振捣控制要点

捣实混凝土的方法	浇筑层厚度(mm)
插入式振捣	振捣器作用部分长度的 1.25 倍
表面振捣	200

捣实混凝土的方法		浇筑层厚度(mm)
人工捣固	在基础无钢筋砼或配筋稀疏的结构中	250
	在梁、墙板、桩结构中	200
	在配筋密集的结构中	150
轻骨料砼	插入式振捣	300
	表面振动(振动时需加荷)	200

(三)池体附属工程质量控制

池体构筑物附属工程主要包括池壁内防腐及不锈钢栏杆施工。池壁内防腐涂料进场检查相关质保资料是否齐全,并见证施工单位现场取样送检;涂刷前,检查混凝土基面处理情况,要求防腐涂料涂刷均匀,无色差;涂刷完成后按要求进行厚度及附着力检测。而且不锈钢栏杆进场检查质保资料是否齐全,并进行抽检,壁厚、直径确保符合设计要求;施工前检查立杆定位间距;施工过程中检查底座焊接及固定情况,要求焊缝打磨平整,外观质量符合要求。

(四)砌体工程质量控制

监理工程师需从以下几个方面对鼓风机房、加氯间等填充墙砌筑过程进行严格质量控制:检查砌体的砌筑方法及留槎,水平灰缝的砂浆饱满度、拉结筋设置数量、直径以及竖向间距及留置长度,确保符合设计要求;竖向灰缝不得出现透明缝、瞎缝和假缝;砌体的位置及垂直度、平整度允许偏差应符合规范要求;砌体上、下错缝,内外搭砌,灰缝横平竖直,厚薄均匀,砌体的一般尺寸允许偏差应符合设计要求。

(五)装饰装修工程质量控制

检查抹灰砂浆配合比质量及粉刷厚度,并见证施工单位留置砂浆试块,监理按规定留置平行检测试块;要求粉刷前湿润墙体,在不同结构交接处铺好加强网。还要检查内墙乳胶漆的规格型号、材料的合格证件必须符合设计要求,按要求见证取样送检。涂刷均匀一致,平整度及垂直度均符合规范要求。检查外墙涂料的规格型号符合设计要求,涂料的合格证件及检测报告齐全,涂刷均匀一致,平整度及垂直度均符合规范要求。环氧地坪施工,检查环氧地坪材料合格证及质保资料是否齐全;施工前,要求施工人员对混凝土基面进行处理,监理验收通过后方允许进行环氧涂料施工,要求涂料涂刷均匀,色泽良好。而且门窗进场检查质保资料是否齐全,并见证施工单位取样送检进行三性试验;重点检查螺栓固定、墙体与门窗间的垃圾清理、空隙堵漏及密封膏填补。

(六)电气照明施工质量控制

从电气线管预埋、穿线,灯具和元件的安装、接线,监理需进行全程监控,重点检查线径、线路,灯具、开关和插座的安装位置、高度,控制箱内接线等,确保安装过程符合规范要求。

八、工艺管道安装监理措施

(一)准备阶段

工艺管道是自来水厂建设项目中的神经系统,贯穿于建(构)筑物之间,承担输送水、泥、气等介质。本标段工艺管道包括电气管线、空气管、风管及各类输水管道,管线安装质量和防腐处理事关水厂能否正常安全运营,必须予以高度重视。在这过程中,审查专项施工方案,重点为施工区域内地下管线的摸排及保护措施。

(二)沟槽开挖监理控制要点

开挖沟槽的质量标准:槽底松散土、淤泥、大石块等杂物必须清除,保持槽底不浸水。进场时由监理人员仔细复核水准点及坐标点,并督促施工单位按照相关规范建立施工控制网。沟槽开挖时,应严格控制沟槽宽度和基底高程,不得超挖或扰动基面。槽底不得受水浸泡。挖至距设计高程 20cm 位置停止机械挖掘,防止超挖,同时采用人工捡底,仔细找平,保证槽底坡度。

(三)管道安装质量监理控制措施

1. 钢管管道制作安装

督促管道施工单位应具有相应项目的焊接工艺评定,编制焊接作业指导书,审查焊工岗位证。还有就是电焊条的选用须符合设计要求,使用前按规定进行烘干,使用中保持干燥。再者按规范要求加工坡口。管道对接时应根据管子壁厚在对口处留有一定间隙。而且,焊接表面应无裂纹、未融合夹渣、弧坑和气孔。管子对接内错边量和焊接咬边深度应符合规范要求。在这过程中,管道支、吊架的位置及距离,应符合相关规定要求,安装应平整牢固,管子接触面应紧密。在安装前做好管道的防腐。防腐前应去除表面的浮锈。运输和安装时防止损坏防腐层。焊缝部位未经试压合格不得防腐。管道涂漆前必须采用角向底光机将管道表面的铁锈、焊渣、毛刺、油水等污物清除干净,涂刷时,应保持涂层均匀、完整、无流淌,颜色一致。漆膜应附着牢固,无剥落、皱纹、气孔等缺陷。涂刷次数和厚度应符合设计文件要求。此外,穿越道路敷设套管,管道穿墙或过楼板应加套管,管道焊缝不宜置于套管内。

2. 其他非金属管道安装

非金属管道外观质量及尺寸公差必须符合现行国家产品质量标准,监理进行外观及质保资料检查。在安装前进行外观检查,发现裂缝、保护层脱落、空鼓、接口掉角等缺陷的,必须修补并经鉴定合格后方可使用。其中,管座分层浇筑时,管座平基混凝土抗压强度大于 5.0 N/mm^2,方可进行安装。而且管道安装时必须将管内外清扫干净,安装时使管道内底高程符合设计规定。测量监理工程师进行复核检查。调整管道中心及高程时,必须垫稳。法兰连接应与管道同心,法兰螺栓孔应跨中安装,法兰间应保持平行;法兰与机口连接,应在自由状态下,检验法兰的平行度和同轴度。离机器 500mm 处应加设支架,管道系统与机器最终连接时,应在联轴节上架设百分表监视机器位移。管道试压、吹扫合格后,应对管道与机器的接口进行复核检验。此外,橡胶密封圈表面不应有气孔、裂缝、重皮、平面扭曲、肉眼可见的杂质及有碍使用和影响密封效果的缺陷。另外,管道热熔、黏接或电熔连接必须符合相关规范规定。管道安装完毕后,应按规范进行压力试验和严密性试验,试验合格后应进行吹扫或冲洗。同时,管道内底高程、管道垂直度、管道坡度、管道与设备接口错口偏差必须符合相关验收规范规定。

(四)焊接质量监理控制要点

对所用焊接材料的规格、型号、材质以及外观进行检查,均应符合图纸和相关规程、标准的要求。而且焊工必须持证上岗,现场有人负责监督检查焊工是否严格按照焊接工艺技术要求进行操作,保证焊接质量。焊接完成后进行外观检查,焊缝不得存在未焊满、根部收缩,表面有气孔、夹渣、裂纹和电弧擦伤等缺陷。此外,外观检查合格后进行无损检测,并由专业检测单位提供焊缝无损检测报告。

九、管道功能性试验监理措施

(一)压力管道功能性试验

督促施工单位编制专项试验方案并认真审核。管道施工确保方案符合设计和规范要求,方可进行水压试验;水压试验前,检查验收管道,确保敷设质量合格,督促施工单位清除管道内杂物,并检查各项试验的准备工作,确保符合规定;全程旁站监理水压试验,监督施工人员按规定操作,并督促加强安全监护;试验管段注满水后宜在不大于工作压力条件下充分浸泡后再进行水压试验,浸泡时间≥24 h;水压试验时严禁修补缺陷,应先做好标记,卸压后修补;水压试验不合格要协助施工单位查明原因,原因消除后重新进行水压试验直至合格,试验合格后,督促施工单位及时进行沟槽回填。

(二)无压管道功能性试验

督促施工单位编制专项试验方案并认真审核,管道施工确保方案符合设计和规范要求。试验前,检查验收管道,确保敷设质量合格,督促施工单位清除管道内杂物,并检查各项试验的准备工作,确保符合规定。管道闭水试验检查管道接口渗漏情况,发现渗漏点应放水修补,再次闭水试验直至无渗漏。部分放空管或雨水管道根据相关要求可能进行 CCTV 检查,监理需进行全程旁站。此外,若部分大口径管道不具备闭水试验条件,经设计允许后可采用内渗法检查,监理需 100%全部检查。

(三)钢管管道功能性试验

需督促施工单位按照设计及规范要求对空气管道等钢管及法兰进行焊缝无损检测,检测合格后按照相关要求进行气密性试验和管道吹扫,监理需对实验过程进行全程旁站。

十、泵与风机安装监理措施

项目需安装各种规格、形式的泵和风机用以传输水、气体等介质。泵和风机也是给排水工程中极为常见的工艺设备,针对其量大、规格不一、形式多样的特点,我们总结出一套行之有效的监理控制要点:

表 4-19　监理控制要点

控制项目	控制内容
土建结构	安装基础的尺寸、位置和标高并应符合工程设计要求 预留空间的尺寸应符合扬水管与基座连接的要求 预埋件安装后应通过土建—设备联合验收
开箱检查	应按设备技术文件的规定清点泵的零件和部件,应无缺件、损坏和锈蚀等;管口保护物和堵盖应完好 应核对泵的主要安装尺寸并应与工程设计相符 应核对输送特殊介质的泵的主要零件、密封件以及垫片的品种和规格 出厂时已装配、调整完善的部分不得拆卸

续表 4-19

控制项目	控制内容
安装要求	电机与泵连接时,应以泵的轴线为基准找正;电机与泵之间有中间机器连接时,应以中间机器轴线为基准找正 管道的安装除应符合现行国家标准《工业金属管道工程施工及验收规范》的规定外,还应符合下列要求: 1)管子内部和管端应清洗洁净,清除杂物,密封面和螺纹不应损伤; 2)吸入管道和输出管道应有各自的支架,泵不得直接承受管道的重量; 3)相互连接的法兰端面应平行,螺纹管接头轴线应对中,不应借法兰螺栓或管接头强行连接; 4)管道与泵连接后,应复检泵的原找正精度,当发现管道连接引起偏差时,应调整管道; 5)管道与泵连接后,不应在其上进行焊接和气割,当需焊接和气割时,应拆下管道或采取必要的措施,并应防止焊渣进入泵内 润滑、密封、冷却和液压等系统的管道应清洗洁净保持畅通;其受压部分应按设备技术文件的规定进行严密性试验 泵的试运转应在其各附属系统单独试运转正常后进行 泵应在有介质情况下进行试运转
安装质量	整体安装的泵和风机,纵向安装水平偏差不应大于 0.1/1 m,横向安装水平偏差不应大于 0.2/1 m,并应在泵的进出口法兰面或其他水平面上进行测量 解体安装的泵纵向和横向安装水平偏差均不应大于 0.05/1 m,并应在水平中分面、轴的外露部分、底座的水平加工面上进行测量
调整校正	电机轴与泵轴、风机轴、电机轴与变速器轴以联轴器连接时,两半联轴器的径向位移、端面间隙、轴线倾斜均应符合设备技术文件的规定。无规定时,应符合现行国家标准《机械设备安装工程施工及验收通用规范》的规定 电机轴与传动轴以皮带连接时,两轴的平行度、两轮的偏移应符合现行国家标准《机械设备安装工程施工及验收通用规范》的规定
试运转前检查	电机的转向应与传动轴的转向相符 应查明管道泵和共轴泵的转向 应检查屏蔽泵的转向 各固定连接部位应无松动 各润滑部位加注润滑剂的规格和数量应符合设备技术文件的规定;有预润滑要求的部位应按规定进行预润滑 各指示仪表、安全保护装置及电控装置均应灵敏、准确、可靠 盘车应灵活、无异常现象

续表 4-19

控制项目	控制内容
泵启动条件	离心泵应打开吸入管路阀门,关闭排出管路阀门 泵的平衡盘冷却水管路应畅通;吸入管路应充满输送液体,并排尽空气,不得在无液体情况下启动 泵启动后应快速通过喘振区 转速正常后应打开出口管路的阀门,出口管路阀门的开启不宜超过3分钟,并需泵调节到设计工况,不得在性能曲线驼峰处运转
试运转质量标准	各固定连接部位不应有松动 转子及各运动部件运转应正常,不得有异常声响和摩擦现象 附属系统的运转应正常;管道连接应牢固无渗漏 滑动轴承的温度不应大于70℃;滚动轴承的温度不应大于80℃;特殊轴承的温度应符合设备技术文件的规定 各润滑点的润滑油温度、密封液和冷却水的温度均应符合设备技术文件的规定;润滑油不得有渗漏和雾状喷油现象 泵的安全保护和电控装置及各部分仪表均应灵敏、正确、可靠 机械密封的泄漏量不应大于5 mL/h,填料密封的泄漏量不应大于规范的规定,且温升应正常 泵在额定工况点连续试运转时间不应小于2 h;高速泵及特殊要求的泵试运转时间应符合设备技术文件的规定
关键测试	作为主要运行设备,泵和风机在工况下的振动和噪声是最为关键的环境保护问题,对此,需利用噪声测试仪和振动测试仪对泵进行测试

十一、闸门及阀门监理措施

闸门一般用于沉淀池出水、滤池进水以及污泥处理系统的流量调节等,阀门一般用于沉淀池进水、滤池制水、反冲洗、出水等工艺,故闸门及阀门的安装质量和调试在制水工艺中尤为重要,监理主要从以下几个要点通过监理方法进行监督和控制:

(一)安装前监理控制

闸门及阀门安装前应检查其规格和性能是否符合图纸及标书要求,检查其外表是否受损变形,零部件是否齐全完好,是否已进行严密性和强度试验并合格;闸门及阀门安装前应进行清洗,清除污垢和锈蚀;审查和审批吊装方案;

(二)安装过程监理控制

对闸门基础进行复核,要求闸门门框安装的水平度及垂直度偏差控制在 2/1000 以内;闸门应安装在设计规定的位置,方向正确便于维修;安装基准线与建筑轴线中心允许偏差为 ±10 mm,闸门的水平度和垂直度偏差应小于 0.5/1000。闸门在关闭状态下,门体的密封面应紧贴间隙。铸铁闸门 300 mm 长度范围内的最大间隙不大于 0.1 mm;闸门的启闭中心与门板螺杆中心应在同一铅垂线上,垂直度偏差应小于 1/1000 mm;阀门安装位置应正确,方向与工艺要求液体、气体流向一致;阀门与法兰连接时,应采用符合要求材质的密封圈,特别是加药系统阀门的安装,应采用耐腐蚀密封圈;阀门的螺栓应紧固到位,螺杆外露部分应符合规范要求;对于加药系统和浸泡在水里的阀门,应采用不锈钢螺栓,对于外露部分,做好防腐;检查启闭机机座纵横中心线的位置,保证启闭机机座纵横中心线与闸门和阀门中心线距离偏差不大于 ±2 mm;阀门电动执行机构的安装应与阀体连接牢固。在这过程中,监理通过实测实量及检查验收等方法进行质量精度控制。

(三)设备调试监理控制

手动或电动操作机构在控制闸板升降时应顺畅、位置精准,且限位装置应及时可靠。手动闸门操作需灵活无卡阻,转向及开度指示均应准确,操作力度需达标。对于电动闸门,其传动装置与操作机构需保持一直线以确保闸板升降灵活、准确且无卡阻。调流阀的电动装置应能精准控制阀门开度,并与机械开度相吻合。电动装置启动后的电流及电机温升均需控制在规定范围内。电动装置驱动的阀板位置需精确,且限位控制及过力矩保护装置均应灵敏可靠。在通水或通气后,闸门连接法兰处不得出现渗漏。若接入自控系统,闸门应能实现远程和就地自动操作。这些要求共同确保闸门的稳定运行及远程控制功能的实现。

十二、吸泥机安装监理措施

吸泥机工作原理为首先启动抽气用潜水泵为水射器提供压力水,抽吸排泥管路的空气,使之形成虹吸排泥。当电接点真空压力表达到负压时,关闭潜水泵,同时启动桁车驱动电机使吸泥机开始行走吸泥;当大车抵达池子另一端部,碰触返程开关时,桁车驱动电机先停后反转,吸泥机开始反向运行排泥,当回到初始位置,碰触行程开关时,停止驱动电机,同时打开常闭电磁阀(破坏虹吸)停止排泥,从而完成一个排泥周期。它的作用主要是沉淀后排泥,吸泥机的安装也是重中之重。

(一)安装前控制

虹吸式桁车式吸泥机主要由桁车厢梁、端梁、驱动装置、反冲洗潜水泵、刮泥板、抽气潜水泵、排泥及吸泥管架、行程控制机构、电气控制系统等组成,设备到场后由监理部组织进行开箱验收(参考离心泵)。

(二)安装过程控制

吸泥机属于非标设备,部件到现场后需组装,监理主要从以下几个方面把控:

1. 铺设轨道

轨道安装根据设计图纸,严格进行池两侧轨道基础复测,主要检查预埋件位置标高是否符合设计要求,并逐块检查预埋板是否有空鼓现象,若发现有不合格的预埋件应待土建处理合格后方可施工。铺设轨道时注意两平行轨道的接头位置应错开,其错开的距离不应等于虹吸吸泥机前后车轮的基距。

2. 桁车架组装

先检查轨道上是否安装好桁车端梁并临时固定在轨道上后再组装桥架。安装时要打开行走轮的轴承盖,清洗后加上润滑脂并用手盘动,行走轮应转动灵活,无卡阻。

3. 安装驱动装置

驱动装置安装时应清洗减速器,清洗干净后再加注润滑油。两侧的制动装置松紧应调整一致。弹性柱销联轴器安装时,同轴度应符合要求,柱销应能自由穿入,不得强行打入。

4. 安装刮泥装置

注意刮泥板与池底的间隙,应符合设备技术文件要求。刮泥板与不锈钢管架间连接紧固。安装角度应符合设计要求。

(三)调试监理控制相关要求

1. 试车

在设备安装完毕后,进入试车环节。为了确保设备运行稳定并检测可能存在的问题,进行至少 8 小时的不间断空车运转测试。这期间,密切关注行车是否出现掉轨的现象。掉轨是一个严重的问题,不仅可能影响设备的正常运行,更有可能导致设备掉入处理池中,造成损坏甚至更大的安全隐患。因此,安排专人进行实时监控,一旦发现任何掉轨的迹象,应立即停车进行检查和调整。这样的预防措施旨在确保设备在正式投入使用前,能够完全达到稳定运行的状态,从而在实际工作中发挥出最佳效能。

2. 进水试泵

当试车环节顺利完成,确认设备运行无误后,我们会进行进水试泵的测试。

首先,向处理池中注水,直至水位高于吸泥泵泵头 30 mm。这样做的目的是模拟实际工作条件下的水泵运行环境。接着,边进水边启动吸泥泵,仔细观察排泥口的出水情况。这个过程中,我们关注的是水泵的抽水效率、排泥的流畅度以及是否有异常现象出现。通过这些细致的观察和测试,确保吸泥泵在实际运行中能够达到预期的效果,为后续的污泥处理工作提供有力的保障。

3. 吸泥机的停驻位置

在污泥处理过程中,吸泥机的停驻位置至关重要。为了确保处理效果最优,我们通常将吸泥机停放在处理池的出水端。在驱动吸泥机之前,必须确保所有吸泥管的排泥阀都已开启,这样可以确保污泥能够顺畅地被吸走。然后吸泥机会向进水端行进,开始其吸泥工作。当吸泥机到达进水口的尽端时,它会自动返回,回到出水端的原位停车。这一过程标志着一次完整的吸泥周期的结束。通过这样的设置和操作,我们可以确保污泥得到高效、均匀的处理,从而提升整个污泥处理系统的运行效率和质量。

4. 泵吸排泥

主要由泵和吸泥嘴、吸泥管组成。吸入管内的污泥经水泵出水管输出池外。吸泥的启动由人工操作,返驶及停车等动作均由装在轨道上的触杆触动行车上的行程开关完成。轨道上触杆的定位,以及行车上行程开关间的相对位置,应在安装时确定。

5. 排泥

池内积泥不宜过久,超过 2 天后泥质就相当密实。吸泥时,须注意排泥的情况。如发现阻塞现象,即须停车,待排泥管疏通后再行进。超过 4 天以后,泥质已积实,须停机清洗池底后才能使用吸泥机,否则不但无法吸泥,而且泥的阻力会使机架变形和设备受损。

6. 破冰

若池内水面结冰,应在解冻或破冰后才能使用。要防止池内掉入砖头等硬质杂物,保持池底平滑,以免阻挡吸泥嘴、发生损毁吸泥嘴现象。

十三、刮泥机安装监理措施

刮泥机属于自来水厂污泥处理系统里的设备,它将污泥集中输送至脱水机进行处理,也是比较重要的设备之一,监理从以下几方面进行控制:

(一)安装前监理控制

1. 刮泥机属于非标设备,监理根据行业标准对其进行进场验收,各部件齐全合格后方能进行组装和就位。

2.安装前应对设备基础进行认真检查,其土建偏差应不超过允许范围,检查内容如下:

(1)池内径偏差不超出±20 mm,其圆度不超出20 mm。

(2)中心柱顶面实际标高偏差为-5 mm～+5 mm。

(3)中心柱顶面预留孔布置尺寸应符合图纸要求,其分布圆中心与池径中心的偏差不超出±10 mm。

(4)中心柱侧面预埋钢板位置的垂直偏差及径向偏差应不超出±5 mm。

(5)池壁顶面固定工作桥处标高偏差不超出±10 mm。

(6)池底面周边实际标高(二次找平后标高)及底面的坡度应符合结构设计要求(注:混凝土二次找平应在设备安装到位后进行)。

(二)安装过程监理控制

将中心垂架及圆形集泥槽依从下到上顺序套入中心柱并将两者以相应螺栓连接(否则驱动装置将无法到位)。

1.驱动装置的安装

(1)将驱动装置整体吊装至中心柱顶端,保证顶盖上两块呈对称分列的连接板(固定工作桥用)的中间线指向工作桥中间线,装上地脚螺栓并以螺母上下并紧,垫至图纸要求高度,落座。

(2)调整驱动装置水平度小于0.5 mm,其与中心柱下端预埋钢板中心径向错位应小于1 mm(可用水平仪及吊锤测量)。

(3)二次灌浆,捣实;在驱动装置的基础未固结前不得进行下一步的安装。

2.中心垂架、泥槽的安装

将集泥槽以人字形角钢与驱动装置四角连接,中心垂架下端以定心轮径向限位,焊接支架时应保证定心轮与环形钢板间留有5 mm左右间隙。集泥槽密封装置的安装待吸泥装置安装结束后进行。

3.工作桥的安装

(1)工作桥安装前应首先在浓缩池半径方向搭好符合要求的脚手架,并在承托部位垫好木板,以防损坏工作桥表面。

(2)按照工作桥安装图首先将中心平台固定于驱动装置的盖板上,要求栏杆开口方向对向工作桥中间线的方位。注意驱动装置盖板上的连接板与中心平台连接后,需现场焊接。

(3)将靠近池中心的一端与底架上对应孔连接,调整,保证工作桥的侧向直线度≤8 mm,拧紧接头连接螺栓。

(4)架平工作桥,对应工作桥池周一端支撑架下连接板与预埋钢板焊接。

4. 吸泥装置的安装

(1)参照吸泥装置安装图,把桁架根部上的法兰孔与中心垂架对应法兰孔由螺栓连接,垫起梢端以保证其梢端上翘20 mm,桁架根部下法兰孔与中心垂架对应法兰孔由螺栓连接并与桁架主梁焊接。

(2)确认桁架无明显扭曲后,可调拉筋将长拉杆张紧(注:拉杆的实际使用长度可做调整,多余段切除,但搭接长度不能小于100 mm)。

(3)须使两侧桁架的上主梁水平。

(4)参照吸泥装置结构图将上部法兰由螺栓连接,下部吸泥管对接,吸泥管的对接应采用氩弧焊,焊后抛光;将"V"形刮泥板固定在桁架下(现场焊接),刮泥板接头处也需焊接。刮板至池底的距离为10 mm(找平后)。

(5)按照安装图及其要求安装导流筒、流量调节装置、浮渣斗、刮渣装置,其刮渣板露出设计液位线150±5 mm、水堰板、浮渣挡板,调整堰板顶的水平至小于1 mm/m。

(6)安装中心泥槽的密封装置。

(7)安装中心平台的栏杆。

5. 电气安装

按图纸要求敷线,具体参见电气原理图及电气互联图。注意电机接线应使桁架的转向呈图纸要求方向(两台机为一顺一逆运转)。点动控制电机,使刮吸泥机试运转一周,观察刮吸泥机各部件之间、各部件与基础的连接、配合是否良好,否则应做调整。

6. 找平层施工

以刮泥板下缘为基准,以径向长3~4 m、宽1 m为一块,分段分块进行。抹前应先对池底较大凸起进行清理和修整。先在粗糙的池底板上抹上细质混凝土,并使用刮平尺等类似工具摊平,最后的抹光需手工进行。抹光过程中操作者要时刻注意池底刮泥板下缘保持相同的距离。完成一段后,点动控制电机,使吸泥机转过一角度。点动开机前应做检查。电气应由具有操作资格的人员操作。抹完后的池底未干前可修整但不得重压。

(三)设备调试监理控制

1. 开机前检查

池内碎石、木头等杂物等应清除干净。减速机按制造厂说明书要求加注清洁润滑油(应考虑环境温度)。各传动部分应添加润滑油脂。检查电源是否正常。

2. 空负荷运转

安装完毕后,进行无水空运转,即空负荷运转,运转前应检查各负荷开关是否在整定值上,还要检查各开关是否动作可靠,并确认中央控制室与本吸泥机之间的各信号点连接正确。

3. 操作

操作分现场操作(就地操作)和远控操作(中央控制室操作)两种。

(1)现场操作程序。

将工作方式开关拨在"现场"位,现场方式为手动方式。手动方式用于设备维修调试时的连续或调整操作。这时,可按动"起动""停止"按钮控制设备的运转和停止。现场方式下远控启动信号无效。

(2)远控操作。

将工作方式开关拨在"远控"位。这时设备的运行由远端中央控制室启动信号(闭合)控制。电柜中将"允许远控""运行""故障""电源"信号(无源开关量)传递给远端控制室。

4. 故障、停机、复位

(1)设备驱动过载时,应自动停止运转,同时本机电柜显示过载信号。

(2)电控柜门上设有总停按钮,遇意外情况,可手动停机。

(3)故障后应及时检查故障原因,待故障排除后,重新通电运转复位;如为急停,则必须先排除意外情况后,再将总停按钮复位,设备方能投入运转。

5. 空运转

启动电机开关,开车运转 1~2 圈,检查各传动部分运转情况,运行应平稳。刮泥板与池底一周的间隙是否合乎要求;连续开运 24~48 小时,检查运转是否正常,减速箱电机应无异常发热及噪声和振动。

6. 负荷运转

放水后负荷运转 24~48 小时,启动、停车工作是否正常。运转是否平稳,应无振动、撞击等异常情况。电机、减速箱有无过热、异常噪声、振动等情况。测试负荷运转时电流、电压是否符合规定。

十四、搅拌机安装监理措施

(一)安装前监理控制

检查设备的规格、性能是否符合图纸及标书要求,检查设备说明书、合格证和设备试验报告是否齐全。检查设备外表如电机、搅拌桨叶、导杆、起吊支架等是否受损变形,零部件是否齐全完好。复测土建工程的标高是否满足设计图要求,以及检查所有的埋件留孔要求是否符合安装条件。

（二）安装过程监理控制

水下搅拌机包括主机、导杆、起吊支架,安装应齐全。用于电机升降的导杆安装时应保证其垂直度偏差不大于1/1 000 mm,与池壁的位置偏差小于±2 mm,检查无偏差后,将导杆底部与池底、上部与池壁采用基础螺栓连接固定。安装后的搅拌桨叶角度偏差应小于±10°。起吊支架安装时应保证立柱垂直度偏差小于1/1 000,定位准确后用地脚螺栓与基础平台连接固定,安装后的起吊支架应能顺利地将主机吊上或放下。搅拌机安装如有必要,需在池壁固定,安装高度根据技术要求控制,确保搅拌时混合均匀。电机在上部的搅拌机,应对电机进行固定,避免电机振动较大,使搅拌机轴发生偏心,影响搅拌机性能和质量。

（三）调试控制重点

搅拌机在无水状况下应短时启动运转,检验搅拌桨叶的转向是否符合要求,运转时搅拌桨叶无抖动、卡阻现象发生。搅拌机在有水工况下带负荷连续运行2小时,检查传动装置运转应平稳,搅拌轴及桨叶等无异常抖动现象。测量电机电流不超过额定值,三相电流平衡,电机与轴承温升正常。电机的机械密封良好,湿度检测装置不应动作。负载试验时应检测单位容积功率和池底流速,上述指标应满足技术规定要求。

十五、起重机及电动葫芦安装监理措施

起重机和电动葫芦可以在检修设备时使用,也是自来水厂必备设备,它的安装步骤如下:设备开箱检查→建筑构件部分的检查→轨道安装→行车安装→滑触线安装→起重机电气及附件安装→起重机试运转→自检→竣工交检。而且,工程施工、试运行及验收按照《起重设备安装工程施工及验收规范》(GB 50278—2010)。起重设备安装完成并通过监理工程师、上海市特种设备监督检验技术研究院验收合格。

（一）安装前监理控制

1. 设备开箱检查

根据随机文件目录查对《使用说明书》、电气原理图、布线图、《产品合格证》(包括主要材料质保书、电动葫芦合格证等)。根据装箱清单所列零部件规格型号、数量逐一清点货物。检查各部件是否完好无损、有无人为因素的变形损伤。验收结束后,填写开箱验收记录,并共同签字。将验收后的设备妥善保管。

2. 建筑构件部分的检查

承轨梁的安装精度对于整体结构的稳定性和功能至关重要。因此,在施工过

程中,需要严格控制承轨梁顶面的标高,确保其与设计要求相符合;承轨梁的中心位置以及两侧承轨梁的中心距也是重要的控制参数,它们的准确性直接影响到轨道的平稳度和列车的安全运行。此外,承轨梁上已预留的孔洞和预埋的螺栓中心线不能有任何偏离,这是确保后续安装精度和连接强度的关键。这些要素的精确控制,是轨道交通设施建设和维护中不可或缺的环节。

(二)安装过程监理控制

1. 轨道基础螺栓对轨道中心线距离偏差不应超过±2 mm,轨道安装后,螺纹应露出 2~8 扣。

2. 钢轨如有弯曲、扭等变形,应进行矫正,经检验,轨两端面应平直,其倾斜值不应大于 1 mm,方可安装。

3. 轨道安装的允许偏差应符合以下的规定:

轨道实际中心对轨道中心线的位置,允许偏差 3 mm;轨距允许偏差±3 mm;轨道纵向不平度,允许偏差 1/1500,且全行程不超过 10 mm;轨道横向倾斜度,允许偏差 0.5/100;同一断面上,两轨道的标高相对,允许偏差 5 mm。

4. 轨道接头应符合下列要求:

接头左、右、上三面的错位不应大于 1 mm;接头间隙为 2 mm,其偏差不超过±1 mm;轨道安装合格后,应全面检查压板螺栓的紧固情况,松动处要扭紧。

5. 滑触线组装,组装时调整与轨道在水平、垂直两个方向的平行度,不应大于 1.5/1000,且全长不超过 15 mm。

6. 集电器电刷与导电滑道结合紧密、运行平滑。

7. 导线应走线管(线槽),线管出线口应加橡皮护套,全部导线的端头应按设计图纸上的编号作好标记,以便检修。

8. 电缆挂装于动滑轮上,电缆下挂长度适宜、均匀,滑车运动灵活。

9. 电动葫芦安装:

工字钢的一端或二端应嵌入建筑物的墙内,其嵌入深度应超过墙的 1/2 厚度,其底部焊接一块厚度为 20 mm、宽度为 2 倍的与工字钢宽度、长度与嵌入深度等宽的钢板。工字钢的中心线应与设计轴线在一条直线上,位置偏差应小于 3 mm。工字钢纵向水平度偏差应小于 $L/1\,500$(L 为长度),且不大于 10 mm;横向水平度偏差小于 $b/100$(b 为工字钢底宽)。电动葫芦安装时应保证其车轮凸缘内侧与桥式起重机工字钢壁缘间隙均匀,间隙控制值为 1.5~3 mm。安装后的电动葫芦应移动灵活,车轮在工字钢上无卡阻。电气设备安装后,用 500 VMΩ 表测量电动葫芦带电和不带电金属部分的绝缘电阻,其数值应不低于 1 MΩ。

(三)设备调试监理控制

1. 无负荷试车

接通电源,点动并检查各传动机构、控制系统和安全装置。操纵机构的操纵方向与起重机的各机构运转方向相符。各机构的电动机运转正常,大车和电动葫芦运行时不卡轨,钢丝绳无硬变、扭曲、压扁、跳槽现象,各制动器能准确及时地展开动作,各限位开关及安全装置动作准确、可靠。当吊钩下放到最低位置时,卷筒上钢丝绳的圈数不少于 2 圈(固定圈除外)。用电缆导电时,放缆和收缆的速度与相应的机构速度相协调,并能满足工作极限位置的要求。以上各项试验不少于 5 次,且动作准确无误。在完成试运行前准备工作后,给安装完毕的起重机通电,检查操纵方向与运行方向应保持一致,大、小车不应卡轨,吊钩放到底时,卷筒上应留有 2 圈以上的钢丝绳,起升(下降)限位有效工作,大运、小运限位开关工作可靠,大车刹车应保持同步。

2. 静负荷试车

开动起升机构,进行空负荷升降操作,使小车在全行程上往返运行不少于三次,无异常现象。将电动葫芦停在起重机跨中,逐渐加负荷做起升试运转,直至加到额定负荷后,使小车在桥架全行程上往返运行数次,各部分无异常现象,卸去负荷后桥架结构无异常现象。将电动葫芦停在桥式起重机跨中,无冲击地起升额定起重量 1.25 倍负荷,在离地面高度为 100～200 mm 处。悬吊停留时间不少于 10 min,并无失稳现象。然后卸去负荷,将小车开到跨端或支腿处,检查桥架金属结构,无裂纹、焊缝开裂、油漆脱落及其他影响安全的损坏或松动的缺陷。此项试验不超过 3 次,第 3 次无永久变形。测量主梁的实际上拱度大于 0.7/1 000 mm。检查起重机的静刚度:将小车开至桥架跨中,起升额定起重量的负荷离地面 200 mm,待起重机及负荷静止后,测出其上拱值,此项结果与上一项结果之差为起重机的静刚度,其值符合规范规定。将起重机停在立柱处,起吊 1.25 倍额定荷载,使重物悬空离地 10 cm 左右,历时 10 min 后卸载,反复 3 次,检查起重机钢结构部分不得有塑性变形。

3. 动负荷试车

各机构的动负荷试运转分别进行,有联合动作试运转时,按设备技术文件的规定进行。各机构的动负荷试运转在全行程上进行,起重量为额定起重量的 1.1 倍,累计起动及运行时间符合规定,各机构的动作灵敏、平稳、可靠,安全保护、联锁装置和限位开关的动作准确、可靠。

4. 电动葫芦调试

安装后的电动葫芦应移动灵活,车轮在工字钢上无卡阻。无负荷试运转时,分别启动和控制各传动机构应运转平稳,操纵机构的动作指示方向应与实际运行方向一致。升降吊钩3次,电动葫芦全程往返3次,检查终端限位开关、缓冲装置、制动器均应动作灵敏、准确、可靠,限位联锁正常。吊钩下降至最低位置时,卷筒上的钢丝绳不少于5圈,大、小车行走时,不应有卡轨、啃道等异常现象。在额定负荷下,反复进行运行机构和提升机构的全部动作,运行速度和升降速度应符合设备技术文件的规定,终端开关、缓冲装置均应准确、可靠,运行应平稳,无啃道现象,制动时车轮不发生打滑现象。在1.1倍额定载荷下连续10分钟运行进行上述测试,各机构动作应准确、可靠。电动葫芦安装调试后应通过特种设备技术监督部门的验收。

十六、脱水机安装监理措施

脱水机用于自来水厂污泥的处理。它是污泥处理的核心设备,通过离心脱水机可以使泥水分离,泥外运,水回收二次利用,监理对脱水机的把控要点如下:

(一)安装前监理控制

设备开箱。开箱前准备好设备装箱单中文本、开箱记录单、开箱用工具。开箱后详细记录,填写记录单,如箱号、箱内设备、名称、种类、数量、破损程度、部位等。若发现有损坏情况,接方应找交方确认并签认,接方保存好全部单据。交接设备后及时办理备件集中、存库手续。

(二)安装过程监理控制

1. 安装工序

脱水机、污泥泵、污泥切割机、冲洗水泵、加药泵、溶药装置、螺旋输送机位置中心线,地脚螺栓位置放线→确定管路走向→设备就位安装→安装管道支托架→安装管件及管道→加全封闸板与设备分离→管道压力、严密性试验→拆下全封闸板与设备连通。

2. 脱水机运输与就位

(1)根据机房的平面布置和脱水机的平面尺寸,施工方需提前放出脱水机的安装轴线及膨胀螺栓的位置,地脚螺栓打孔深度应符合设计规范要求。

(2)脱水机就位时,控制好标高和轴线位置,偏差应符合设计要求,平面偏差10 mm,标高偏差±20 mm,水平度0.05/1 000。

(3)脱水机的附属设施,包括加药管路、水稀释管路、冲洗管路等严格按照装配图实施,从而使整个系统能够正常运行。

（三）调试监理控制

1. 监理检查、验收调试条件是否满足

监理在检查和验收调试条件时，需确保各项条件满足要求。首先，确认脱水机是否已经安装妥当并通过了验收。其次，要对脱水机的动力线、控制线、信号线等进行全面的检查，确认所有线路均已正确接线完成。再次，脱水机的机油加注情况也不容忽视，必须确保机油已加注到位，并且机器周边没有任何杂物，以保证脱水机在运行过程中不会受到任何阻碍。同时，各控制开关、按钮等应处于未合闸、未闭合状态，以确保在调试过程中可以安全地进行操作。最后，还需对其他相关的准备工作进行全面的审查，确保一切就绪，为调试工作的顺利进行奠定坚实的基础。这一系列细致的检查工作，旨在确保脱水机在调试过程中能够安全、稳定地运行。

2. 监理跟踪调试步骤可操作性

监理在跟踪调试步骤时，应重点关注其可操作性。首先，监理要确保通过低压柜向脱水机控制柜安全送电，这是调试的第一步，也是确保后续操作顺利进行的基础。其次，启动控制柜上的"脱水机启动按钮"，并密切观察脱水机的反应和运行工况。在此过程中，监理需要对脱水机的各项运行参数进行仔细记录和分析，以确保其符合设计要求。当脱水机稳定运行一段时间后，监理应启动"脱水机停止按钮"，观察停机过程是否平稳，并记录停机时间和状态。整个跟踪调试过程中，监理需要严格按照操作步骤进行，确保每一步操作都符合安全规范和设计要求，从而保障脱水机的正常运行和使用安全。

3. 监理把控调试技术要求

（1）脱水机运行期间，噪声、振动等指标应符合设计及技术要求。

（2）脱水机的温升、油耗等应符合规范及技术要求。

（3）脱水机的启动电流、启动电压、变频频率、转速、流量及稳定后的各项指标等均应符合技术和规范要求。

（4）停机时，可将转筒电机先行停机，螺旋将在转筒内的残余污泥全部推出离心机后，再停止螺旋运行，以此使离心机在停机开机时保持平稳，消除由于残余污泥停留在离心机转筒内所造成的在开机停机时的不平衡震动，这项指标应合格。

（5）离心机在必要时（如由于断电等因素引起堵塞现象），在转筒停止状态下，可单独驱动螺旋并可将堵在转筒内的污泥推出离心机外，无须拆机清除污泥。这项指标应合格。

（6）当离心机停机时，螺旋继续保持着卸料扭矩，将残余污泥全部推出离心机后才停止运行，以达到节省清洗水的目的。这项指标应合格。

十七、螺旋输送机安装监理措施

输送机是配合脱水机将污泥送至污泥堆棚的机械,具体监理把控要点如下:

(一)安装前控制

1. 检查外观(材质、色标、尺寸等)、型号、规格(螺旋直径、输送长度)、技术参数(电机功率、绝缘等级)等进行检查。

2. 查看合格证及质量证明文件、相关技术资料是否齐全等。

(二)安装控制

1. 要求施工单位根据安装位置进行放样,确定安装坐标(包括轴线和标高、尺寸)。

2. 安装过程中用扭力扳手检查安装牢固程度,对安装的角度、偏差进行实测实量,要求符合规范规定。

3. 螺旋管、传动部件、进料斗、卸料斗等部件不要遗漏,且支架材质应符合要求,并安装牢固、美观。

4. 做好附属控制系统的安装及接线,且金属外壳安全接地,接地电阻应符合要求。

(三)调试控制

1. 设备在现场安装后,进行空载运行2小时和带负荷运行。

2. 空载运行2小时:设备加注润滑油(脂)后,先手动点动运行,同时检测各部分空间是否具有阻碍,确定无任何故障后再连续运行,运行中无任何异常震动和噪声,空载运行结束。

3. 带负荷运行:按实际处理量带负荷运行,检查输送、压榨效果达到要求后,经2天的连续运行无任何机械故障为合格。

4. 能够自控启停和报故障信号,自控各参数设置,能够正常反馈控制和信号。

十八、真空引水装置安装监理措施

真空引水装置是送水泵房离心机组启动的前提条件,泵腔内气体抽成真空,才能满足离心机组的启动,具体监理控制措施和方法如下:

(一)安装前的准备工作监理控制

在混凝土基础上按设备基座预埋好地脚螺栓;设备进场后,检查设备的型号、规格以及各零件是否齐全,有无损坏,复核设备的尺寸;将真空罐及真空泵用地脚螺栓固定,各部位找平核对后,用细石砼二次灌浆,将基础平面抹平;设备安装需在厂家指导下安装。

(二)安装过程监理控制

真空引水装置安装应平稳,固定牢固,高度符合要求;真空罐应安装垂直,标高满足要求,设施安装齐全;接上给水管道、排水管道及与水泵连接的真空管道;架空管线采用支架固定在墙体上;每台水泵排气口处均应装一个单向气阀,气阀垂直安装。

(三)调试要点

1. 所有设备及管路安装完毕后,进行单机调试,看水泵是否能正常吸水运行。

2. 开机后电压、电流、噪声、温度、仪表指示等各项指标应符合技术要求。

3. 常见故障分析及解决办法:

(1)罐体漏气。

原因可能是:焊接质量不高,焊缝有缝隙,罐内水流出去了,空气进来了。处理方法是:停止运行,观察罐体,找到泄漏点,放空罐内水,焊接。然后灌满水运行。

(2)排气不畅。

罐内静水位下降,启动前不能充满水泵,水泵启动后带不上负荷,电机电流很低,有的时候相当于空转。原因是管内真空过高,水中逸出的气体占据管内体积过大,罐内水位下降,或者进水口堵塞,停泵后水倒流,管内的气体不能及时足量地排除出去,这部分气体也会占据罐内空间。解决办法:及时打开引水筒顶的水管阀门,补水至最高水位。若此故障反复出现,则按照以上意见详细检查,查出问题,及时整改。

(3)罐体破裂。

一旦罐体破裂,则要马上处理。一般罐体破裂在上部,容易找见破裂位置,及时焊接。罐体破裂的原因是:罐内气体破裂爆炸,瞬间有超高压出现,导致罐体破裂(焊缝裂开、张开)。要分析产生多余气体的原因,避免再次产生多余气体。一般产生气体的原因有:进水管堵塞,或者底阀没拆,排气不畅,水倒流的过程中压缩气体,能量聚积,气体受压缩后,二次再膨胀,膨胀在瞬间发生,因此引起的压力很高,高压力使罐体破裂。解决办法是:去掉堵塞物,拆掉底阀,检查吸水管路,保证排气畅通。

(4)水泵吸不上水。

现场调试时发现,水泵第一次能启动起来,很快就发现进水管道的真空度在上升,当达到一定值时,水泵就出现声音异常,出口压力忽高忽低,水泵电流下降,吸水池水位不变化,这就是典型的水泵落水现象。出现这种情况的原因是:引水筒位置太高,或者吸水管太长,造成引水筒内真空度上升。解决办法:降低引水筒高度,扩大引水筒体积,或者将引水筒移位靠近吸水池。

十九、格栅机安装监理措施

(一)安装前控制

格栅除污机在起吊安装前应检查各预埋钢板位置、尺寸是否符合设备要求,应保证:格栅井两侧面与格栅井平面应垂直,其垂直度允许偏差不得超过 20 mm。格栅井两侧应平行,其平行度不超过 20 mm。带锚脚的两预埋钢板平面应与格栅井顶部平台面平。

(二)安装过程控制

将格栅除污机放入沟内,需校正角度,然后把格栅支座底面放在基础上,侧面与格栅机架焊接就位,其安装角度须符合设计要求,保证齿耙清污机的安装水平度小于 1/1 000 mm,然后再拧紧地脚螺母(如无预埋钢板,可用膨胀螺栓固定)。卸去安全罩,放松张紧链轮,卸下减速机端链条,通电试运转,看减速机的转向是否与安全罩上所示箭头方向相一致,严禁反转。用张紧链轮调整链条松紧度,并用张紧螺杆调整耙齿链的松紧度。检查减速机的润滑油是否到油面线,不足时用机械油(常规用 46#)加至油面线。(设备次运转应先加注 46#机油至减速机油位线)

(三)调试监理控制

装好安全罩,接通电源空载运转,应无抖动、卡阻及异常噪声,空载试验运转后,再投入负载运转,负载时能正常张合耙,能够将杂物隔离和打捞,而且能够自控启停和报故障信号,自控各参数(包括时间设置、张耙合耙设置等)设置,能够正常反馈控制和信号。并且能够满足额定符合的隔离和打捞,未出现故障。

二十、电气设备安装与调试监理措施

(一)变压器安装及调试

1. 监理工程师审核电力变压器质保资料

监理工程师审核电力变压器质保资料包括铭牌、合格证、出厂试验报告、技术参数、配件及专用工具等齐全有效,变压器外观良好。

2. 安装时主要检查

(1)垂直度:不大于 1 mm/m;水平度:不大于 1 mm。

(2)安装时做好防护,固定应牢固。

(3)做好中性点接地(接地电阻≤4 Ω)及变压器外壳接地(接地电阻≤1 Ω)。

(4)接地电阻符合设计及规范要求。

(5)一次接线一般为铜牌连接,应紧固到位,防止匝间短路,二次接线按照图纸以及技术文件规范连接,检查接线是否松动或断裂。

(6)高压线圈表面对地必须保证最小安全距离(包括接地线到高压线圈的距离)。

(7)变压器外壳和本体需按图纸放置,二者底部宜在同一水平面。

(8)变压器外壳和铁芯永久性一点接地。

3. 变压器调试(包括电试)控制

(1)绕组连同套管绝缘电阻、吸收比和极化指数。

绝缘电阻测量前、后应对试品充分放电,放电时间应不少于 2min。测量吸收比时应注意时间引起的误差,试验时设法消除表面泄漏电流的影响,准确记录顶层油温,因为变压器的绝缘电阻随温度变化而有明显的变化。

(2)铁芯(有外引接地线的)绝缘电阻。

①注意对试验完毕的变压器铁芯必须充分放电。

②不可使用额定电压超过规定的兆欧表。

(3)绕组直流电阻。

①测量一般应油温稳定后进行。

②测量时,电压线应尽量短和粗,电压线和电流线应尽量与被测绕组端子可靠连接,等电流稳定之后,才能读取数据。

③变更接线或试验结束要先拉开电源,并充分放电,以免反电动势伤人。

④测量无励磁调压变压器绕组的直流电阻时,应在使用的分接锁定后测量。

(4)交流耐压试验。

①试验要考虑容升效应,所以最好能在试品端测量高压。

②试验完毕应当测量低压对其他绕组及地的绝缘,其值应符合相关的规定。

③额定电压下的冲击合闸试验。

(5)检查相位符合要求。

(6)测量噪声符合规范。

(7)送电前做 3 次冲击试验,送电后运行 24 小时,检查应无异常,且噪声符合规范要求。

(8)变压器应在空载时合闸,电流速动保护设定值应大于合闸涌流峰值。

(9)运行后所带负荷由轻到重,切忌一次大负荷投入,尽量避免频繁投切变压器。

(二)高压开关柜安装及调试

1. 高压开关柜验收

(1)检查电源、计量、进线断路器、压变避雷、电容补偿、隔离等成套设备是否齐全,外观是否良好。

(2)检查合格证、性能曲线、技术资料等是否符合设计要求。

(3)检查柜内元器件(包括断路器、PT、CT、避雷器、空开、段子排、接线等)是否完好和安装到位,品牌是否符合要求。

(4)出厂试验检查项目。

①结构检查。

②主回路的 1 min 工频耐压试验。

③辅助回路的工频耐压试验。

④主回路电阻测量。

⑤机械性能、机械操作及机械防止误操作装置或电气联锁装置功能的试验。

⑥仪表继电器元件校验及接线正确性检定。

⑦气体检漏试验。

2. 高压开关柜基础型钢的安装应符合下列要求

(1)允许偏差应符合规范的规定。单体和成排安装垂直允许偏差 1.5/1 000,水平度允许偏差 3 mm。

(2)基础型钢安装后,其顶部宜高出抹平地面 10 mm;手车式成套柜按产品技术要求执行。基础型钢应有明显的可靠接地。

(3)盘、柜及盘、柜内设备与各构件间连接应牢固。主控制盘、继电保护盘和自动装置盘等不宜与基础型钢焊死。

表 4-20 高压开关柜安装偏差控制

项目	偏差要求	项目	偏差要求
垂直度(每米)	<1.5 mm	相邻两盘盘面偏差	<1.0 mm
相邻两盘顶部水平偏差	<2.0 mm	成列盘面偏差	<5.0 mm
成列盘顶部水平偏差	<5.0 mm	盘间间隙	<2.0 mm

3. 柜内部件、器件检查

(1)各种开关和支架安装,位置应正确、平整、牢固、部件完整;瓷件清洁,不应有裂纹和伤痕；制动部分动作灵活、准确；油开关油位正确,无渗油现象。

(2)三相隔离开关和负荷开关,各相刀片和熔断器接触点的接触及与母线的连接应紧密,偏差应符合规范要求。

(3)接地线连接应紧密牢固,防腐处理应均匀,无遗漏。

(4)定位螺钉应调整适当,并加以固定,防止传动装置拐臂越过死点。

(5)接地刀刃轴上的扭力弹簧应调整至操作力距最小,并加以固定,其把手应涂以黑色油漆。

(6)成套配电柜(盘)内的设备应齐全、完整,固定牢固,瓷件清洁,没有裂纹和伤痕,制动应灵活准确。

(7)配电柜(盘)内的设备应齐全、完整,固定牢固,瓷件清洁,没有裂纹和伤痕,制动应灵活准确。

(8)二次接线应固定牢固,与电器或端子排的连接应紧密,排列整齐,标志清晰齐全。

(9)母线排列正确,有两个电源的配电柜(盘),母线相位的排列应一致,相对的母线相位的排列对称。

(10)接触器、磁力启动器及自动开关安装应平整,触头应有足够的压力,接触良好,在通电合闸时,应无响声。

(11)电器元件质量良好,型号、规格应符合设计要求,外观应完好,且附件齐全,排列整齐,固定牢固,密封良好。

(12)各电器应能单独拆装更换而不应影响其他电器及导线束的固定。

(13)发热元件宜安装在散热良好的地方;两个发热元件之间的连线应采用耐热导线或裸铜线套瓷管。

(14)熔断器的熔体规格、自动开关的整定值应符合设计要求。

(15)切换压板应接触良好,相邻压板间应有足够安全距离,切换时不应碰及相邻的压板;对于一端带电的切换压板,应使在压板断开情况下,活动端不带电。

(16)信号回路的信号灯、光字牌、电铃、电笛、事故电钟等应显示准确,工作可靠。

(17)端子排应无损坏,固定牢固,绝缘良好。端子应有序号,端子排应便于更换且接线方便;离地高度宜大于 350 mm。

(18)强、弱电端子宜分开布置;当有困难时,应有明显标志并设空端子隔开或设加强绝缘的隔板。

(19)接线端子应与导线截面匹配,不应使用小端子配大截面导线。

4. 二次回路接线应符合下列要求

(1)按图施工,接线正确。

(2)导线与电气元件间采用螺栓连接、插接、焊接或压接等,均应牢固可靠。

（3）盘、柜内的导线不应有接头，导线芯线应无损伤。

（4）电缆芯线和所配导线的端部均应标明其回路编号，编号应正确，字迹清晰且不易脱色。

（5）配线应整齐、清晰、美观，导线绝缘应良好，无损伤。

（6）每个接线端子的每侧接线宜为 1 根，不得超过 2 根。对于插接式端子，不同截面的两根导线不得接在同一端子上；对于螺栓连接端子，当接两根导线时，中间应加平垫片。

（7）二次回路接地应设专用螺栓。

5. 引入盘、柜内的电缆及其芯线应符合下列要求

（1）引入盘、柜的电缆应排列整齐，编号清晰，避免交叉，并应固定牢固，不得使所接的端子排受到机械应力。

（2）铠装电缆在进入盘、柜后，应将钢带切断，切断处的端部应扎紧，并应将钢带接地。

6. 电试及调试控制要点

（1）柜门能够正常开关，并无卡阻和异声。

（2）盘柜机械开关能够灵活动作，且带电显示和指示正常。

（3）高压断路器绝缘电阻测试合格，线圈直流电阻测量合格，操作机构的最低动作时间符合要求。

（4）电压互感器线圈直流电阻测试合格，接线组别试验符合要求，交流耐压试验符合规范及技术要求，电流互感器极性符合要求。

（5）避雷器、电容器、套管、绝缘子、电力电缆等均符合要求。

（6）其他形式试验符合要求：

①耐受电压试验（包括雷电冲击耐压试验、工频耐压试验、辅助回路的工频耐压试验、充气隔室零表压 5 min 的工频耐压试验）。

②温升试验和主回路电阻测量。

③主回路和接地回路的峰值耐受电流、短时耐受电流试验。

④开关的关合、开断能力试验。

⑤局放试验。

⑥机械试验。

⑦防护等级的检查。

⑧内部故障电弧效应的试验。

⑨外壳机械强度试验。

⑩充气隔室的气体密封试验和水分测量。

7. 监理工程师在验收时，应督促安装单位提交下列资料和文件

（1）工程竣工图。

（2）变更设计的证明文件。

（3）制造厂提供的产品说明书、调试大纲、试验方法、试验记录、合格证件及安装图纸等技术文件。

（4）根据合同提供的备品备件清单。

（5）安装技术记录。

（6）调整试验记录。

（三）低压成套盘柜安装控制要点

1. 配电柜的材料要求

（1）成套盘柜型号规格符合设计要求，附件齐全，表面无破损。盘柜内高/低压瓷件应无裂纹、缺损等缺陷，柜内设备及元件完整无损，安装位置正确，固定可靠。盘柜机械、电气闭锁动作准确、可靠；动、静触头、二次回落辅助开关及插件接触良好，继电保护动作正确。盘柜内一次设备的试验调整、操作及联动试验正确，符合标准、规范和设计要求。

（2）柜体外形尺寸方正，周边平整无损伤，油漆无脱落，柜体有一定机械强度，二层底板厚度不小于 1.5 mm，柜内仪表、控制元件齐全，安装牢固，布置合理满足电气间距与爬电距离要求，接线质量符合规范要求。

（3）二层底板、带电器设备的门、柜体上均应焊有接地螺丝，柜上部进线处和下部接线端子处，尤其是进出多芯电缆时，要预留足够的空间以保证外接导线、多芯电缆分开线芯的接线空间。配电柜下部端子排，离地宜大于 350mm。

（4）基础槽钢不得用电气焊开孔，所有使用的配件必须为镀锌件。

2. 配电柜的布置及安装要点

（1）配电室内不应有其他的管道通过，室内的暖气管道不应有阀门，管道与散热器的连接采用焊接。

（2）成排配电柜的长度超过 6m 时，柜后的通道应有两个通向本室或其他房间的出口，出口应布置在通道的两侧，两出口之间的距离超过 15m 时，其间还应增加出口。

（3）低压配电柜的平面位置应按图施工，标准层竖井内的空间位置应按统一标准尺寸控制，为了安全和操作方便，不应安装在门后或妨碍操作的设备旁。

（4）成排配电柜，柜与柜之间应用螺栓进行固定，根据柜的高度不同，选择相应的固定点，以保证配电柜的稳固性。

3. 基础型钢安装

（1）调直型钢，将有弯的型钢调直，然后按图纸要求预制加工基础型钢架，并刷好防锈漆。

（2）按施工图纸所标位置，将预制好的基础型钢架放在预留铁件上，用水准仪或水平尺找平、找正。找平过程中，需用垫片的地方不能超过3片。然后将基础型钢架、预埋铁件、垫片用电焊焊牢。最终基础型钢顶部宜高出抹平地面10 mm以上为宜，手车柜基础型钢顶面与抹平地面相平（不铺胶垫时）。

表4-21 基础型钢安装允许偏差

序号	项目		允许偏差（mm）
1	垂直度	每米	1
		全长	5
2	水平度	每米	1
		全长	5

（3）基础型钢与接地线连接：基础型钢安装完毕后，将室外地线扁钢分别引入室内（与变压器安装地线配合）并与基础型钢的两端焊牢，焊接长度为扁钢宽度的2倍，然后将基础型钢刷两遍灰漆。

4. 配电柜的组立

（1）配电柜的基础槽钢要找平放正，与地面连接牢固，焊接处焊渣处理干净，油漆刷均匀，槽钢上不得开孔进管，在槽钢内要抹水泥层，保证槽钢内底部干净平整，不露渣漏筋，在地面有水的机房，水泥层要高于槽钢外地坪的高度。

（2）柜就位后基础槽钢用M12、M16的镀锌螺丝固定。柜立稳后，水平度、垂直度、柜间间隙满足规范要求。

（3）盘线应走向合理、导线顺直、横平竖直、棱角清晰、拐角进线的造型一致平行，不得任意歪斜交叉相连，导线要留有一定的余量用塑料绑扎成束，绑扎间距均匀。

（4）各相导线分色清晰，且各相颜色区分一致，多股线涮锡部位用和导线颜色一致的绝缘带缠绕，缠绕长度一致，干净利落，线管进线处，带塑料护口。

（四）动力控制箱安装控制要点

控制箱型号符合设计规定，箱内外整洁，箱盖开闭灵活，外表无损伤。箱内零线、保护线接在汇流排上不得绞接并有编号。箱内元器件应完整无缺损，规定牢靠，各回路绝缘电阻不小于0.5 MΩ，箱内密封良好，进出孔洞应封闭，接地正确可靠，面板应接地。

1. 设备安装用的紧固件应用镀锌制品，平垫，弹垫齐全。

2. 照明用配电箱、板、柜及电表箱内均应设置 N 线和 PE 线汇流排，N 线、PE

线应在汇流排上连接,不得将 N 线或 PE 线多根绞接或压接在铜接头内,埋地敷设的 PE 线保护干线(镀锌扁铁)在引入箱、槽内必须明敷,并用导线与 PE 线可靠连接。如果 PE 线无设计要求,则执行表 4-22 标准。

表 4-22　PE 线应用标准

相线截面	≤16 mm²	16-35 mm²	>35 mm²
PE 线截面	同相线	16 mm²	相线 1/2

3. 在箱、柜接线中,端子或螺栓上最多不超过 2 根,当接二根导线时中间应有平垫片分隔导线。

4. 盘、柜、台、箱应可靠接地,装有电器可开启的盘、柜门应以软导线与接地的金属构架可靠连接。

5. 盘、柜内配线接线正确,连接紧密牢固,绑扎排列整齐,编号清晰、齐全。

6. 控制箱的安装高度及垂直度控制在规范要求内,高度一般距离巡视点 1.5 m,垂直度不大于 5/1 000。

(五)接地装置安装控制要点

1. 电气装置的下列金属部分,均应接地或接零。

(1)电机、变压器、电器、携带式或移动式用电器具等的金属底座和外壳。

(2)电气设备的传动装置。

(3)屋内外配电装置的金属或钢筋混凝土构架以及靠近带电部分的金属护栏和金属门。

(4)配电、控制、保护用的屏(柜、箱)及操作台等的金属框架和底座。

(5)交、直流电力电缆的接头盒、终端头和膨胀器的金属外壳和电缆的金属护层、可触及的电缆金属保护管和穿线的钢管。

(6)电缆桥架、支架和井架。

(7)装有避雷线的电力线路杆塔。

(8)装在配电线路杆上的电力设备。

(9)封闭母线的外壳及其他裸露的金属部分。

(10)六氟化硫封闭式组合电器和箱式变电站的金属箱体。

(11)电热设备的金属外壳。

(12)控制电缆的金属护层。

2. 接地线不应做其他用途。

3. 埋设在地下的金属管道,不包括有可燃或有爆炸物质的管道,包括:

(1)金属井管。

（2）与大地有可靠连接的建筑物的金属结构。

（3）水工构筑物及其类似的构筑物的金属管、桩。

4.接地装置宜采用钢材。接地装置的导体截面应符合热稳定和机械强度的要求。大中型发电厂、110 kV 及以上变电所或腐蚀性较强场所的接地装置应采用热镀锌钢材，或适当加大截面。

5.低压电气设备地面上外露的铜和铝制的接地线的最小截面应符合规范的规定。

6.在地下不得采用裸铝导体作为接地体或接地线。

7.不得利用蛇皮管、管道保温层的金属外皮或金属网以及电缆金属护层做接地线。

8.接地体顶面埋设深度应符合设计规定。

9.接地干线应在不同的两点及以上与接地网相连接。自然接地体应在不同的两点及以上与接地干线或接地网相连接。

10.每个电气装置的接地应以单独的接地线与接地干线相连接，不得在一个接地线中串接几个需要接地的电气装置。

11.明敷接地线的表面应涂以用 15～100 mm 宽度相等的绿色和黄色相间的条纹。在每个导体的全部长度上或只在每个区间或每个可接触到的部位上宜做出标志。当使用胶带时，应使用双色胶带。

12.变电所、配电所的避雷器应用最短的接地线与主接地网连接。

13.高压配电间隔和静止补偿装置的栅栏门铰链处应用软铜线连接，以保持良好接地。

14.接地装置由多个分接地装置部分组成时，应按设计要求设置便于分开的断接卡。

15.监理工程师在验收避雷设施时应按下列要求进行检查：

（1）整个接地网外露部分的连接可靠，接地线规格正确，防腐层完好，标志齐全明显。

（2）避雷针（带）的安装位置及高度符合设计要求。

（3）供连接临时接地线用的连接板的数量和位置符合设计要求。

（4）工频接地电阻值及设计要求的其他测试参数符合设计规定，雨后不应立即测量接地电阻。

16.监理工程师在验收避雷设施时，应检查安装单位下列资料和文件。

（1）实际施工的竣工图。

（2）变更设计的证明文件。

（3）安装技术记录（包括隐蔽工程记录等）。

（4）测试记录。

（六）高低压电气柜及控制箱调试要点

1. 检查

（1）检查低压配电瓶内母线距离及开关型号、容量是否符合要求，各接头是否牢固及间隙是否达到要求，各开关合分闸应灵活。

（2）检查电缆线路外皮有无破损，电缆头安装是否牢固及符合规范，相色清楚。

（3）检查母线槽安装情况：母线槽外壳应可靠接地，各接头之间连接牢固。

（4）检查各配电/控制箱内的开关型号、容量及各回路接线是否符合施工图纸要求，各开关分合闸应灵活。

2. 检测

（1）高压供电及高压开关柜的交接试验，继保整定按设计提供的数据及规范，由供电部门调试合格投入使用。

（2）对低压配电瓶的母线进行 1 分钟 2.5 千伏的耐压试验，并测量绝缘电阻，测试结果应符合规范要求。此项工作由供电部门完成。

（3）用 500 伏直流测试器测试所有低压出线电缆、导线与地和相间电阻，测试结果应符合规范要求。

3. 受电

（1）由供电部分按规范送电供至低压配电柜，经检查正常后方可进行低压配电柜内各回路的开关合闸。

（2）检查各配电/控制箱的电源供电是否正常。

（3）配电/控制箱检查、试验内容主要包括：控制开关及保护装置的规格、型号符合设计要求；闭锁装置动作准确、可靠；主开关的辅助开关切换动作与主开关动作一致；箱、柜、盘的标识器件标明被控设备编号及名称或操作位置，接线端子有编号，且清晰、工整、不易脱色。

（4）要求施工单位填写倒闸操作票及工作票。

（5）明确送电步骤，按规范做冲击试验（多次合闸分闸）。

（6）两段分别送电试验，送电后无异常，变压器空载运行 24 小时。

（7）运行正常后送至低压柜，由低压开关柜分别向下属低压柜、配电箱、控制箱、设备等送电。

二十一、仪表及自控系统安装监理措施

（一）电磁流量计安装及调试

要保证电磁流量计的测量精度，正确的安装是很重要的。对此，变送器应安

装在室内干燥通风处。避免安装在环境温度过高的地方,不应受强烈振动,尽量避开具有强烈磁场的设备,如大电机、变压器等。避免安装在有腐蚀性气体的场合。安装地点便于检修。为了保证变送器测量管内充满被测介质,变送器最好垂直安装,流向自下而上。尤其是对于液固两相流,必须垂直安装。若现场只允许水平安装,则必须保证两电极在同一水平面。还有就是变送器两端应装阀门和旁路。而且电磁流量变送器的电极所测出的几毫伏交流电动势,是以变送器内液体电位为基础的。为了使液体电位稳定并使变送器与流体保持等电位,以保证稳定地进行测量,变送器外壳与金属管两端应有良好的接地,转换器外壳也应接地。不能与其他电器设备的接地线共用。为了避免干扰信号,变送器和转换器之间的信号必须用屏蔽导线传输。不允许把信号电缆和电源线平行放在同一电缆钢管内。信号电缆长度一般不得超过 30m。此外,转换器安装地点应避免交、直流强磁场和振动,环境温度为$-20 \sim 50 \ ℃$,不含有腐蚀性气体,相对湿度不大于80%。为了避免流速的影响,流量调节阀应设置在变送器下游。口径较大的流量计,一般上游应有 5D 以上的直管段,下游可不做直管段要求。同时,流量计调试一般由厂家实施,监理做好监督,调试时,先设置好流量计量程以及参数单位,根据调节阀门开度观察流量变化情况和信号变化情况,确保对应,并且流量计的信号可以正确上传至 PLC 系统,运行稳定。

(二)超声波液位计安装及调试

超声波液位计一般由超声波液位探头和变送器组成。在超声波液位计安装施工中,监理工程师主要应加强以下方面的控制:按照设备制造厂商提供的安装调试手册,了解环境、接线、固定等技术要求。对于超声波液位计要注意探头工作范围,如果有盲区在安装时注意安装高度(相对最高液面)。还要注意探头的发射角,在发射范围内不能有障碍物或潜在障碍物。对可能由于漂流等原因造成的悬浮物漂入,要考虑拦污设施。障碍物的反射回波会引起测量误差,在格栅附近时要选择适当位置,探头发射区避开除污机和井壁。当无法通过选址避开障碍物时,应按照产品说明书,调整干扰回波抑制,保证测量精度。对于液位波动场所,应按照产品说明书要求调整积分时间进行适当衰减,求取平均值,进行软件消波。再者就是探头安装垂直,室外应设置防雨设施。安装完成后及时安排液位标定,对照产品说明书、设计图纸,确定平台高程、液位上下限。如果此处液位有控制点要求,安排必要引测。另外,液位计调试一般由厂家实施,监理做好监督把关,注意去掉液位计盲区,并观察液位随液体高度的变化情况,如有必要,可以用其他测量工具进行测量对比,确保读数正确,并且液位计相关数据能够上传至 PLC 系统,运行稳定。

(三)浊度仪、余氯仪、氨氮仪安装及调试

浊度仪一般为分体式,检测仪表安装在下部,表头安装在上部,检测仪表安装高度应满足水质能够进入仪表内,且应保证一定的压力。而且,余氯仪和氨氮仪的排气管安装尤为重要,如果安装太低或垂直度不够,将会影响仪表的检测精度。三种仪表安装应牢固,横平竖直,外观良好,下方安装水槽,做好排水系统的连接。调试时,可以用标准液校准,然后用移动式仪表对标准液检测,根据标号确认是否一致,然后与仪表所测数据对比,看是否数据一样,如果一致,那仪表测量标准,符合要求,如果不一致,则检查原因,很有可能是仪表进水时水量不符合要求,水里气泡较多,需要调节进水阀门的开度和排水管的阀门进行调整。

(四)PLC控制柜安装及调试重点

1. 在PLC控制柜安装前应对土建施工提供的设备安装条件包括沟槽尺寸及预埋件的位置等进行检查和验收。对土建接地电阻进行复核。

2. 柜体与基础型钢必须可靠接地(PE)或接零(PEN)可靠;装有电器的可开启门,门和框架的接地端子间应用裸编织铜线连接,且有标识。

3. PLC控制柜安装用的紧固件,除地脚螺栓外,应用镀锌制品,控制柜内母线的涂漆颜色应符合规范规定。

4. 基础型钢应可靠接地,柜体及内部设备与各构件连接应牢固,柜体与基础型钢应用螺栓连接,基础型钢应涂除锈油漆。

5. PLC柜内器件,PLC模块(CPU、I/O、电源)等安装排列整齐,接线端子有编号,且清晰、工整、不易脱色。

6. 现场PLC系统调试(一次仪表、二次仪表分步调试)。

PLC控制系统编程规范、信号传递准确,操作准确无误。信号打点:外部设备的输入信号能全部进入PLC,PLC中的发出的信号能够到达指定的设备点,并使设备产生相应的动作。主要有:

(1)PLC控制柜自检调试。

(2)PLC控制柜与设备接线检测和调试。

(3)PLC控制柜与上位机通信检测和调试。

(4)PLC联动功能的调试(如水位超限自动开停机等)。

(五)接地和防雷

仪表自控系统属于弱电系统,对环境要求高,不得安装于高温、高湿、振动、强电磁辐射等恶劣环境。安装过程中,监理工程师需针对设备产品手册中提出的环境要求进行安装环境检查。

表 4-23　仪表控制系统接地要求

接地方式	接地电阻允许值	测试方法
联合接地	小于 1 欧姆	采用接地电阻仪测试
独立接地	小于 4 欧姆	

（六）仪表盘、柜、箱安装

1. 仪表盘、柜、操作台的安装位置和平面位置,应按照设计文件施工。就地仪表箱和保护箱的位置,应符合设计要求,且应选择光线充足、通风良好和操作维修方便的地方。

2. 仪表盘、柜、操作台的型钢底座制作尺寸,应与盘、柜、操作台相符,其直线度允许偏差为 1 mm/m,当型钢全长大于 5 m 时,全长允许偏差为 5 mm。

3. 仪表盘、柜、操作台的型钢底座安装时,上表面应保持水平,其水平度允许偏差为 1 mm/m,当型钢全长大于 5 m 时,全长允许偏差为 5 mm。

4. 仪表盘、柜、操作台的型钢底座应在地面施工完成前安装找正。其上表面宜高出地面。型钢底座应做防腐处理。

5. 成排的仪表盘、柜、操作台的安装,其安装允许偏差应符合下列要求:

(1)同系列规格相邻的两盘、柜、台的顶部高度允许偏差为 2 mm。

(2)当同一系列规格的盘、柜、操作台的连接处超过 2 处时,顶部允许偏差为 5 mm。

(3)相邻两盘、柜、台、接缝处正面的平面度允许偏差为 1 mm。

(4)相邻两盘、柜、台之间的接缝的间隙,不大于 1 mm。

6. 仪表盘、柜台、箱在搬运和安装过程中,应防止变形和表面油漆损伤。安装及加工中严禁使用气焊方法。

7. 用电仪表的外壳、仪表盘、柜、箱和电缆槽,保护、支架、底座等正常不带电的金属部分,由于绝缘破坏可能带危险电压者,均应做保护接地。

（七）中央控制计算机、模拟显示系统安装及调试重点

1. 中央控制计算机的安装

根据系统配置的要求购置合适的上位机硬件配置系统,为保证中央控制计算机系统工作的稳定性、安全性及长时间工作的特点,上位机应用(CPU、显示器等重要部件)高标准的工控机系列,安装前应检查机箱内的硬件是否安插到位且固定完好,检查各硬件的电源接插件是否接触良好及显示器与机箱、机箱与各外设(打印机、刻录仪等)的电缆是否连接就绪。

2. 模拟显示系统的安装

模拟显示系统采用信号电缆连接传输到上位机的方式,电缆必须符合设计要求,附件要齐全(包括产品说明书,合格证),信号电缆的连接必须正确(按照所用PLC模拟量接线方式)、牢固,且标有正确、清晰的标志;显示则用适当的上位机软件做友好、清晰的界面。

3. 系统调试

计算机自动监控系统的设计、安装、检测和试验、调试工作穿插在计算机自动监控硬件安装和软件设计修改的各个环节。从时间上无法界定安装和调试工作,因而,该系统的调试主要依赖于建设过程的调试和测试。在工程后期的调试阶段,计算机自动监控系统主要进行验证工作,验证内容如下:

(1)系统在线监测数据及时准确。

(2)系统和现场工艺设备、在线仪表、PLC系统、上位机和通信机沟通顺畅。现场设备的任何变动都能及时准确地反映到计算机自动监控系统的输出设备上。

(3)系统下达的控制指令,现场设备及时做出反应并执行。

(4)软件功能中关于决策优化和MIS系统等能够与现场无缝连接。

(5)模拟的紧急事件,系统按照既定预案做出反应。

(6)其他与现场单机调试有关的工作。

二十二、技防系统安装及调试监理措施

(一)进场验收

视频监控系统的摄像机、硬盘录像机、监视器,周界系统的报警控制主机、协议转换器、红外对射探头,门禁系统的门禁控制器,烟雾报警系统的烟感装置及报警装置,紧急报警系统警情接收主机、发射器等,安全报警系统的声光报警器、消音按钮盒,智能照明系统的灯具、传感器、控制器等,智能语音系统的感应语音提示器、定制语音提示器等,以及专用线缆、软件等进场后需要通过监理工程师的验收,主要检查外观、数量、规格型号、技术参数、合格证、检验报告等是否合格。

(二)安装控制要点

1. 支架角钢下料应用切割机,切口毛刺卷边应清理,下料偏差应小于5 mm,下料后如有弯曲应校直。

2. 支架焊接应由合格焊工焊接,焊接牢固、美观、无显著变形,成形后应立即进行表面除锈,厚锈应铲除,除锈后应露出金属光泽,无油脂、污垢、氧化皮、铁锈等,并涂刷防锈底漆,如环境温度较高场所应涂刷高温底漆,涂刷时应厚薄均匀无流淌,厚度应达到规范要求,漆膜附着牢固,无剥落、皱纹、气泡、针孔等缺陷,底漆不干不刷面漆,面漆色标应与所在地色标一致。

3. 各种电缆敷设规范,在电缆首末两端加标牌,注明电缆的编号、名称,强弱电电缆分开敷设。

4. 现场转接箱等所有接线排列整齐,每根线压接铜接头,并有套管标明编号和名称。

5. 箱体在下部开孔,与箱体用接头连接。保护管与托架的连接,在托架侧面开孔,用接头和保护管连接。

6. 现场摄像机的护罩、支架等安装美观,牢固,监视方向正确无死角。

7. 其他系统包括各前端、显示、存储、传输、控制设备等安装美观、牢固,位置正确,能够正常传递信号、通信。

(三)调试及效果

系统调试应符合下列要求:

1. 系统整套启动前,应对前端设备及控制核心装置进行系统调试,使其具备投入使用的条件。

2. 前端设备及控制核心装置完毕,单体校验合格。

3. 管路连接正确,接线端子固定牢固。

4. 为了保质保量地完成本系统工程,使系统各项功能、指标均符合设计要求,特制定以下调试标准:

(1)硬件调试。

①前端摄像机方向、镜头焦距调试。

②手动变焦镜头焦距、光圈调试。

③控制信号传输部分测试。

④抗干扰性能调试。

(2)软件调试。

①各个子系统软件运行正常。

②管理权限功能。

③防病毒、安全性能。

5. 调试效果。

(1) 视频监控系统的摄像机清晰度符合要求,且能够全面监控无死角,监视器显示清晰,界面完整全面,硬盘录像机存储符合设计要求(一般保存录像90天)。

(2)周界系统的红外对射探头先模拟侵入时能够报警,然后进行实际侵入实验,能够报警。

(3)门禁系统在外部可以刷卡进入,在内部可以按门禁开关出入,且在门未关闭到位时,能够提示。

(4)烟雾报警系统在烟雾达到设定值时,能够及时感应,并发出报警,烟雾消除后,报警解锁,且有报警记录留存。

(5)紧急报警系统警情接收主机、发射器等能够正常感应和接收信号。

(6)安全报警系统的声光报警器、消音按钮盒操作满足要求,且能按要求报警。

(7)智能照明系统的灯具能够根据设计要求达到一定效果,例如时间控制器能够按照设定动作,到达一定时间,灯具自动开关,或者到达一定黑暗或明亮程度,自控开关。

(8)智能语音系统的感应语音提示器、定制语音提示器正常响应等。

二十三、通风与空调系统监理措施

(一)风机安装及调试

1.轴流风机设备安装前严格进行基础复查,其预留螺栓孔洞位置尺寸偏差应符合设计要求。合格后将上表面打成麻面,

2.设备进场后应先由监理部组织开箱检查,按装箱单清点配套齐全,并核对主要安装尺寸与设计是否相符,主要零部件有无碰伤和明显变形,开箱单资料监理部备案。

3.轴流风机应水平安装,其偏差应符合设计和规范要求,轴流风机就位后调整垫铁,当设备找平找正后,进行固定。

4.轴流风机主机安装完成后按图进行其他附件的安装。

5.轴流风机全部安装完成后负荷试运行,运行时轴承温度、润滑油温度应按规定测试,且不应超过要求数值,负荷试运行时间不少于 2 h。

(二)空调安装及调试

1.空调室外机组的安装,周边空间应满足冷却风循环要求。

2.空调室内机组安装应位置正确,目测应呈水平,冷凝水排放应通畅。

3.制冷剂管道连接必须严密无渗漏。

4.管道穿过的墙孔必须密封,雨水不得渗入。

5.安装完毕以后应及时通电调试,其性能应符合国家标准 GB7725—2004 及使用说明书中所列之要求,达不到要求的应重新调试或做退货处理。

6.通风空调系统调试。

(1)风管系统的风量平衡。

系统各部位的风量均应调整到设计要求的数值,可用调节阀改变风量进行调

整。调试时可从系统的末端开始,即由距风机最远的分支管开始,逐步调整到风机,使各分支管的实际风量达到或接近设计风量。最后当风机的风量调整到设计值时,系统各部分的风量仍能满足要求。

①风口的风量、新风量、排风量、回风量的实测值与设计风量的偏差不大于10%。

②风量与回风量之和应近似等于总的送风量或各送风量之和。

③总的送风量应略大于回风量与排风量之和。通风系统的连续运转不应少于2 h。

(2)新风系统的测试。

新风系统主要由风管、新风调节阀和新风处理机等组成。其测试方法与送风系统相同,在调整新风量时,一定要符合设计要求,否则可能产生种种弊端。如果新风量太多,会增加制冷压缩机的热负荷,影响室内的空调效果;如果新风量太少,则不符合国家的卫生标准,使人感到闷热、不舒服,因此,要保证室内的正压或负压,新风量的调节一定要合适。

(3)空调水系统的调试。

冷水系统的管路长且复杂,系统内的清洁度要求高,因此,在管清洗时要求严格、认真。在清洗之前先关闭风机盘管等设备的进水阀。开启旁通阀,使清洗过程中管内的杂质,通过旁通阀最后排出管外。而且,冷水系统的清洗工作,属封闭式的循环清洗,每1~2 h排水一次,反复多次,直至水质洁净为止。最后开启制冷机蒸发器、风柜和风机盘管的进水阀,关闭旁通阀,进行冷冻水系统管路的充水工作。由于整个系统是封闭的,因此,在充水时要注意管内气体的排放工作。排气的方法,可在系统的各个最高点安装普通的或自动的排气阀,进行排气。如果管内的气体排放不干净,会直接影响制冷效果。

(4)空调系统带冷热源的正常联合试运转、不少于8 h,在试运转时应考虑到各种因素,如建筑装修材料是否干燥、室内的热湿负荷是否符合设计条件等。同时,在无生产负荷联合试运转时,一般能排除的影响因素应尽可能排除,如室温达不到要求,应检查盘管的过滤网是否堵塞,新风过滤器的集尘量是否超过要求,或者制冷量达不到要求。检查出的问题由施工、设计及建设单位共同商定改进措施。如运转情况良好,试运转工作即告结束。

二十四、给水系统调试监理措施

(一)调试原则

自来水处理是一个较复杂的工艺系统,调试工作也是一项内容丰富的系统工作。这项工作建立在设备安装质量过硬的前提下,有系统,有步骤地实施。简而言之,排水工程的调试工作必须做到:承包商有方案,监理单位有措施,建设单位有预案,运营单位要参与。而且,项目调试总体原则应该是:先供配电调试,再工艺设备调试,最后计算机监控调试;先单机调试,再单系统调试,最后联动调试;先手动调试,再自动调试;先现地控制,再远程控制;先硬件调试,再软件测试;先实现基本功能调试,再进行安全模拟调试。调试过程要严格遵照有关工艺和安全规程,杜绝任何侥幸心理,认真仔细,逐一验证。调试阶段:供配电调试→单机调试(根据各设备特点,贯穿于安装阶段)→系统联动调试→系统验收,投入试运行。

(二)调试准备

1. 所有机械设备、金属结构、工艺管道、电气系统、自控系统、监控设备(软硬件)全部安装到位。安装质量经过验收,通过必要的检测和试验。

2. 调试方案、调试监理实施细则、应急预案、申请报告已编制完成并获通过。相应的调试记录表格编制完成。

3. 调试需要的所有有关的操作及维护手册、备件和专用工具、临时材料及设备已准备好。

4. 检查和清洁设备,清除管道和构筑物中的杂物。

5. 依照厂商说明润滑机械设备的传动装置,冷却液及其他必要溶剂添加完毕,机器满足单机开机条件。

6. 全面检查:空载手动位置检查电机转动方向是否正确;在手动位置操作闸门全开全闭,检查并设定限位开关位置是否有阻碍情况。所有阀门、闸门启闭正常。

7. 检查用电设备的供电电压是否正常。检查所有设备的控制回路。

(三)供配电系统

1. 所有调试应在供配电通过供电部门验收,并正式供电后开始。供配电系统调试应从用户进线后的高低压供配电系统开始。

2. 变压器带电空载运行 24 小时,检测电压和温度。指标符合要求后可以进行送电。

3. 高压供电及高压开关柜的交接试验,继保整定按设计提供的数据及规范,由供电部门调试投入进行。

4. 电气回路调试,分上、下级进行,即低压配电柜、现场控制箱分级调试。低压电气回路主要是电气回路的模拟试验,根据机组运行特点,进行各电气回路的模拟试验,现各电气回路的控制、保护、信号动作均符合设计和规范要求,模拟故障信号准确到位,机械互联互锁动作可靠。

5. 不接通用电气设备的情况下,分别进行手动和自动分合闸试验,各电气控制回路动作正确,无误动作。

6.由配电间至主设备启动控制均能正常供电,状态显示灯均能正确显示无误。

7.以上各项均符合设计要求,可进行工艺设备单机调试,单机调试完成后可进行系统联动调试。

(四)系统联动调试重点

1.正常进水,泵类、格栅机、输送机、脱水机、风机、管道、阀门等工作正常。

2.进出水水质检验,出水水质是否达标。

3.手动、自动切换灵活。

4.各管路阀门、闸门在有载情况下能否灵活关闭。

5.加药系统能正常运行。

6.系统手动、自动切换正常。PLC 中的发出的信号能够到达指定的设备,产生动作。

7.PLC 联动应急功能验证(如水位超限自动开停机等)。

8.计算机在线监测数据及时准确。

9.联动调试过程中,记录出现的问题,及时整改。

10.安防系统、报警系统等能够正常运行。

(五)调试安全措施

1.调试工作须设熟悉制水工艺调试总指挥一名,各参建单位主要技术人员听从指挥,服从领导。

2.调试人员一律佩戴工作证和安全帽。

3.现场设置隔离区,派专人进行管理,非参加调试人员不得进入隔离区内。

4.泵房、配电间、闸门井、滤池、加药系统等重点部位安排人员 24 小时值班。无关人员不得进入调试区域,防止闲杂人员擅动设备。

5.调试现场配备防火、防暴和防毒等保护措施。

6.调试人员、管理人员到位,岗位职责分工明确,发现问题应及时报告。

7.检查调试安全用具是否配备齐全。

8.做好调试前的各项准备工作,熟悉、了解各种设备的使用说明书和有关文件,了解设备的结构和性能,掌握操作程序、操作方法和安全规定。

9.确定指挥和联络信号。

10.清除设备上与调试无关的物件,保持周围环境清洁。

11.参试操作人员应穿戴防护工作服,坚守岗位听从指挥。

12.设备上的运动部件应先人工盘动,确认方向正确,方可电动。

13. 首次启动,先点动,确认无误后正式启动。

14. 试运转前,应先进行检查。

15. 设备在运转中应注意声音、振动,如发现异常状态和噪声时应立即停车,查明原因,消除故障。

16. 供配电系统,严格遵守各项工作票制度和电气操作规程,操作一般先高压,后低压,先刀闸,后开关。

(六)调试需配备的安全用具

设备安全监理工程师应检查所有参与调试的人员是否配备安全用具:气体检测装置、防毒面具、氧气瓶、绝缘鞋、绝缘手套、验电器、灭火器(手提)、绝缘毯、绝缘橡胶板、工程车辆等。

第二节　进度与造价监理措施

一、进度监理措施

(一)事前控制

审核施工单位的总进度计划,要求必须符合招标文件中规定的总工期和各节点的工程进度要求。施工总进度计划至少包括:合同工程概述;施工总体布置及附图;主要工程施工程序;主要工程的施工方法和措施;施工总进度表及带逻辑关系的横道图和关键路线的时标网络图;根据施工进度要求编制的施工准备工作计划,主要劳动力投入计划,主要材料、构件、施工机械设备需求及采购和进场计划,临时设施配置计划,资金需求计划。

(二)事中控制

利用网络技术作为控制进度的工具,根据网络图提供的信息,将监理工作的重点放在控制总工期关键线路中的项目和工序上。发现工序可能在其"最晚开工时间"不能动工,或"最晚完工时间"不能完工时,及时提醒施工单位注意,并督促其采取措施。定期检查施工单位进度计划的实施情况,注意施工进度计划的关键控制节点,了解进度实施的动态。建立进度计划与实际进度对比图,发现工期滞后及时调整进度计划,对进度目标实行动态管理。及时检查和审核施工单位施工完成情况和进度报告。报告应包括:已完成工程的形象进度;实际投入的人力、材料、设备和施工机械数量;记述主要施工过程、技术措施及开工和停、窝、返、复工等情况;记述已经延误和可能延误进度的原因和克服这些原因所采取的措施;必要的施工关键节点图片、照片及其他有关事项。此外,进行现场跟踪检查,核对现场工作量的实成情况,避免施工单位虚报工程量,为进度分析提供可靠的数据。另外,定期组织各方参与的进度协调会,解决协调总包不能解决的内、外关系问题;上次协调会执行结果的检查;总体管理上的问题;现场重大事宜;向建设单位报告有关工程进度情况。不仅如此,还要按月整理工程量形象进度、工程款支付进度、试验检测数量、混凝土等大宗材料进场量、现场施工人员总量等关键数据。检验上期进度和下期准备的情况。在这过程中,要求施工单位组织安全生产、文明施工,目标是无重大安全事故的发生,避免产生因安全问题而停工整顿的现象。最重要的是,定期向建设单位汇报工程的实际进展情况,按期提供进度报告。

(三)事后控制

在月末或季末,必须对实际工程进度进行详细的检查。若发现实际进度与计划进度存在差异,应深入分析造成这种差异的具体原因。针对这些原因,需要采取有效的纠正措施,以确保项目能够按照既定计划稳步推进。同时,应督促施工单位针对总工期制定保障措施,编制在必要时能够快速追赶工期的计划。监理工程师在这一过程中,应特别关注进度计划调整报告中所涉及的资源配置计划,确保其合理性与可行性。每个季度或者在进行重大检查时,都需要提交详尽的监理报告。这份报告不仅要全面,还要深入地对进度情况进行分析,从而为项目的顺利进行提供有力的监控与保障。通过这样的流程与措施,可以更好地确保项目的顺利进行,及时发现问题,并采取有效的应对策略。

二、造价监理措施

(一)投资的事前控制

掌握施工图预算,熟悉设计单位提出的工程项目概预算,参与编制标底。协助建设单位进行合同谈判,协助业主与承包商谈判和签订施工承包合同,审查合同条款的合法性和严密性。还有就是熟悉施工合同条款内容,严格把握合同价计算、调整、付款方式等关键条款。协助业主合理地确定工程项目造价控制目标值,明确造价控制的重点。协助业主履行合同义务,以使业主如期交付施工现场,及时提供设计图纸等技术资料。按期、按质、按量地供应由业主负责的材料到现场,从而保证承包单位能如期开工、连续施工、减少向业主索赔的机会。审查承包单位提交的施工组织设计、施工技术方案、资金使用计划和施工进度计划。重点审查施工进度安排的均衡性、作业的效率、各种建设因素的相互配合。另外,审查承包人提出的材料、设备清单规格、数量和派驻工地的人员素质、资格及数量是否符合合同要求。不仅如此,督促检查承包人严格执行合同有关费用担保、保险条款的执行,确保工程风险有可靠的转移方式。

(二)投资的事中控制

1. 前期工作

审核已完成的实物工程量计量,按施工单位、专业和时间段划分的建筑、安装工程、设备的台账,及时向总监理工程师提供工程投资使用情况报告。还有就是定期将实际经济支出与分解的目标值进行对比,如有差异则分析原因,针对原因采取对应措施,并修改投资控制曲线。每月审查承包单位提交的工程月报,并由项目总监签署合格工程量,作为业主支付进度款的依据。严格控制经费签证,凡涉及经济费用支出的停工、窝工、用工、使用机械台班、材料替代、材料调价的签证,必须会同业主并经总监核签后才能生效。监理工作中主动搞好设计、材料及其他外部协调、配合。定期或不定期地进行工程费用超支分析,根据已完工程费用偏差的情况,仔细分析和研究引起费用偏差的主要原因,提出控制工程费用突破的方案和措施,必要时以书面形式向业主报告。及时发出各种指令,并答复承包单位提出的问题及配合要求。另外,严格控制施工过程中的设计变更,如发现原造价控制计划有较大差异时,应向业主报告,并与业主及设计人员协商处理。

2. 合格工程计量

熟悉工程量清单项目及说明,结合施工招标文件、合同条款、图纸、技术规范及施工组织,掌握具体工程项目工作范围、工作方式和计量方法。还要根据工程进度和质量执行情况,采用相应过程计量方法复核已完合格工程量。计量方法:实地量测法和记录、图纸计量法。根据合同要求及工程具体情况进行额外工程量计量复核。工程量由承包方计量,专业监理复核确认,双方签字;若有争议由总监最后决定。

3. 工程费用支付

严格按照规定的工程支付管理程序、权限、报表格式进行审查,在工程支付审查时,应对支付项支付条件、依据、方法、凭据及相关原始资料进行认真把关和签认。监理工程师核对付款是否与监理工程师批准的上述有关文件相符;核对付款申请中的单价是否与工程量清单或变更清单相符。核实到达现场的材料,对承包人运到现场用于永久性工程的材料可支付材料预付款,因此驻地监理工程师应核对付款申请中的材料是否用于永久性工程,同时对永久性材料还需检查以下内容:材料的规格和质量是否符合规范的要求,承包人应提供材料的出厂检验单;核实材料的数量是否符合设计的要求,核实付款申请中的材料是否与现场的数量相符,对于承包人已经订购但尚未运到现场的材料,不能计入付款申请中;检查材料的存放条件,审查工程质量,审查付款申请中的工程项目时,注意是否有质量不合格或尚未进行缺陷修补的项目,对质量不合格或缺陷尚未修补的项目,不予支付款项。按合同条款规定及时扣回动员预付款、材料设备预付款、迟付款利息、违约罚金、保留金等款项。建立计量支付台账,采用计算机辅助管理系统。

(三)投资的事后控制

检查和审核有关工程项目竣工验收资料,以及在施工过程中由监理工程师签署的工程分期结算的签证。还有就是审查承包人提交工程结算书及各子项目结算文件。审查已支付工程价款清单和工程价款余款。审查工程项目竣工验收报告及各项技术经济指标。协助业主处理由承包人提出的索赔要求,协调甲、乙双方对合同价款及费用条款理解不同而产生的合同纠纷。审核索赔的理由和依据,计算索赔内容的方法和依据。签署解除承包人的缺陷责任证书,退还全部保证金,并退还履约保函。

第三节　合同管理

一、合同管理的制度和措施

监理部需严格按照监理委托合同、工程施工承包合同以及经济合同法规对工程建设进行管理,保证按期完成建设任务。还有就是监理部要求监理人员必须具备较高的业务知识,熟悉经济合同法,熟悉工程技术规程、规范。在执行合同中,自身做到信守合同,按合同办事。监理部设专人(或兼职)负责合同管理,认真地阅读、分析、研究监理工程项目的每一个合同,以便准确执行合同,处理解决合同执行过程中的问题和有关事宜。建立会议管理制度、行文制度,建立文档管理系统,制订经常性的工作程序,使合同实施工作程序化、规范化。监理部在了解和执行合同的基础上,对合同进行动态管理,研究处理合同变更及合同外的附加工程项目。研究处理合同双方提出的违约、索赔与争议。监理部以第三方公证人的身份,及时调查、核实并提出处理意见,做好协调工作。此外,及时发现和总结合同管理中的经验和存在的问题,及时向业主汇报,提出建议,听取指示,提出改进措施。

二、工程变更处理的措施

在项目的进行过程中,若遇到需要在授权范围内发出工程变更令的情况,监理工程师会承担起关键的角色。当面临工程变更时,监理工程师会对该变更进行细致的评估,这包括对变更工程量的比值和价格进行精确测算。在评估过程中,监理工程师会提出关于方案取舍的专业意见,旨在确保工程数量的改变能够维持工程总量的平衡,或者尽量减小总量的变化。此外,一旦因发布工程变更令导致的费用增减超出了原有的授权范围,监理工程师会主动协助总监或总监代表,与业主和承包人展开协商。这样的协商旨在确定合理的变更费用,以保障项目各方的权益。

三、工程延期处理的措施

监理工程师在确认下列条件满足时,向业主申报并提出建议和意见。

首先,工程延期必须符合业主与承包人的合同条款。其次,延期情况发生后,承包人在 28 天内向监理工程师提交工作延期意向。再次,承包人承诺继续按合同规定向监理工程师提交有关延期的详细资料,并根据监理工程师需求随时提交有关证明。最后,监理工程师在延期事件终止后的 28 天内,收到承包人正式提交的延期申请报告。

四、费用索赔处理的措施

(一)监理确认索赔条件

监理负责审查承包人每项索赔,并推荐适当的形式。在合同范围内,对施工过程中可能出现的变更做出修正安排,估算承包人报酬并证明其原因,同时证实和修改承包人的支付要求。监理在确认下述条件满足时,受理费用索赔,向业主提交建议和意见,并将承包人有关材料报送业主,承包人必须是依据合同有关规定索取额外的费用。承包人在出现引起索赔事件后,在 28 天内向监理提交索赔意向,并同时抄送业主。承包人承诺继续向监理提交说明索赔数额和索赔依据的详细材料,并根据监理需求随时提供有关证明。监理索赔事件终止后 28 天内,收到承包人提交的正式索赔申请。另外,监理从以下方面审查承包人的索赔申请:一方面索赔申请的格式满足监理的要求。另一方面,索赔的内容符合要求。

(二)监理从以下方面评定索赔申请

1. 承包人提交申请必须真实、齐全、满足评审的要求。
2. 申请索赔合同依据必须正确。
3. 申请索赔的理由必须正确与充分。
4. 申请索赔数额的计算原则与方法应恰当。

五、争端与仲裁处理的措施

(一)争端的规定

监理工程师在收到争议通知后,及时报送业主。在合同规定期限内完成对争议事件的全面调查与取证,同时根据合同规定处理违约文件,协调争端,在仲裁过程中做证。只要合同未被放弃或终止,监理工程师应要求承包人继续精心施工。

(二)仲裁的规定

当合同一方提出仲裁要求时,监理工程师应在合同规定期限内对争议设法进行友好调解,同时督促承包人继续遵守合同,执行监理工程师的决定。仲裁期间,监理工程师应以公正的态度提供准确的证据和出庭做证。仲裁后,执行仲裁决定。

六、承包人违约处理的措施

在确认承包人出现违约行为后,应立即采取相应措施。一方面,需及时将违约情况上报给业主,确保信息的透明与及时。另一方面,以书面形式正式通知承包人,明确指出其违约行为,并督促其在尽可能短的时间内对违约行为进行弥补与纠正。对于严重违约的承包人,更需要积极协助业主采取措施,以保护业主的合法权益不受损害。值得注意的是,承包人的违约行为根据实际情况的不同,可以被明确划分为一般违约和严重违约两种类型。在处理过程中,应根据违约的严重程度,灵活采取适当的措施,既要保证项目的正常进行,也要确保各方权益得到有效维护。

七、分包与转让处理的措施

监理工程师应监督分包合同的执行,从对分包人的审查、合同的签订到施工质量监理以及承包人与分包人的往来结账情况等整个合同实施过程进行监督。严禁再分包和暗分包,对违反合同规定的,有权停止分包合同的执行。而且分包的规定有严禁承包人把大部分工程甚至全部工程分包出去或层层分包。还有就是必须经业主批准,并按规定办理分包工程手续,承包人才能把部分工程分包出去。对分包的批准不解除承包人根据合同规定所应承担的任何责任和义务。监理工程师通过承包人对分包工程进行管理,并可直接到分包工程去检查,发现涉及分包各类问题,应要求承包人负责处理。此外,监理工程师应通过《中期支付证书》由承包人对分包工程进行支付。并且转让只有业主同意,承包人才能进行合同转让。

八、保险处理的措施

监理工程师根据合同有关规定,督促承包人进行保险。监理工程师根据合同有关规定,从下列几个方面对承包人的保险进行检查,即保险的种类、保险的数额、保险的有效期、保险单及收据。监理确认承包人未按合同规定时间、合同规定内容提交合格的保险单时,应该指示承包人尽快补办或补充办理保险。如果承包人拒绝办理时,报业主并建议补办或补充办理保险。在这过程中,保险最终由业主补办或补充办理的,监理工程师签发从承包人应得款额中扣除与业主补办或补充办理保险的花费等值的证明。

第四节　信息管理与现场组织协调监理措施

一、信息管理监理措施

(一)建设监理信息处理

一般采用人工决策加计算机辅助管理方法。其主要包括:

1. 确定计算机辅助管理系统的流程模式

计算机辅助管理系统与监理组织机械相对应,其内容包括工程施工进度管理、质量管理、合同管理及行政管理,分别拥有各自相应的子系统。各子系统包含各业务系统和根据工程需要进行详细的细目管理。

2. 原始信息校核

对收集的原始数据进行校核,输入计算机数据库。数据输入采取自动校验方式,如:项目编号输错,计算机会对用户发出警告,提示用户重新核对输入。数据输入完毕,计算机自动排序、汇总、建立各种子程序及表格所对应数据库。

3. 计算机中央处理系统对信息的分析处理

质量控制子程序推行全员质量管理,提供各主要分项工程和施工工序的质量控制子程序,包括装饰工程、给排水工程、电气工程、通风与空调工程等附属工程等。各子程序通过对各专业监理工程师的材料、检测数据及工程质量检测数据的分析,最终判断各主要分项工程施工质量是否合格。以图纸形式输出承包人各工序的施工质量是否合格,最终判断各主要分项工程质量是否合格,给监理工程师提供准确判断依据。

进度控制子程序系统提供工程进度计划网络图的绘制系统,包括对时间参数的计算、进度计划的调整、进度计划变化趋势的预测分析等,供监理工程师决策。

费用控制子程序系统可按工程合同段或分项工作两种情况进行分块,以实现工程计量与具体支付的计算机管理。程序包括价格的调整进行计算、变更设计及额外工程对合同价格调整的计算,并打印相应的结论表格。现可编制完整的工程计量支付表,包括工地材料预付款汇总表。

合同管理子程序系统既可编制整个合同项目的计量支付款报表,也可以用于承包人编制各分项单位的支付申请表,可以对全线工程量进行分割计算。

整个中央处理系统应具有各种方便灵活的查询功能,并能自动将各项完成的工程量与合同清单数量相比较,避免错误的计量与支付。同时应具备多种图形显示功能,为监理工程师决策提供准确依据。

(二)信息发布

信息发布是监理工作中的重要环节。经过计算机辅助管理的精准分析和监理工程师的审慎决策,所得出的各项信息结论具有极高的参考价值。这些信息结论由驻地监理负责整理并准确、及时地传达给各承包人和专业监理工程师。同时,这些宝贵的信息也会反馈给业主及项目的相关部门,以确保各方都能基于最新、最准确的信息做出决策。施工过程中,定期的工地会议以及各种形式的监理通讯,如简报、报告等,都成为监理信息发布的主要途径。这些会议和通讯不仅确保了信息的流通和共享,还促进了项目各方的沟通与协作。

(三)信息存储

信息存储是确保施工监理信息完整性和可追溯性的关键环节。在施工监理过程中,信息存储主要采用文档管理和计算机存储管理两种方式。文档管理侧重于纸质资料的整理和归档,这种方法有效地保证了原始资料的可靠性,为后续工程审计和纠纷处理提供了确凿的证据。与此同时,计算机存储则充分利用了计算机存储量大、信息处理快的优势,便于快速检索、查询和分析数据。通过这两种方式的结合,施工监理信息得到全面、高效的保存,不仅满足了日常监理工作的需要,也为项目的长期运营和维护提供了宝贵的数据支持。

二、现场组织协调监理措施

(一)施工准备监理阶段

明确各有关单位之间关系,其中业主、施工、监理是建筑中市场的三大主体。按既定的工作程序办事,努力做到不违规、不越级、不超权限。根据具体承建项目的实际情况,制定岗位职责,分工明确,确定工作流程,理顺项目监理部内部人与人之间、机构与机构之间的关系。搞好工程测量交接工作,协调好业主与施工单位的场地移交工作。

(二)施工阶段的协调管理

在施工过程中,协助业主、承包人搞好与当地政府及有关部门的关系,营造一个良好的施工环境。在施工过程中,协调好承包人与设计单位的关系,发现设计问题及早处理。协调好与材料设备供应商的关系,确保按质按量按时供应材料与设备,确保工程顺利进行。制定每月和每周的定期和不定期的例会制度,办理监理月报和周报,及时协调和解决存在的问题。协调和分配好各施工单位的施工用水、用电设施及场地使用划分,确保工程顺利进行,最大限度减少不必要纠纷。协助业主协调好当地治安管理部门的管理工作,保一方平安。

第五节　建筑节能监理措施

建筑节能是解决建筑项目建成后使用过程中的节能问题。施工节能则是解决施工过程中的节能问题。在本项目施工中监理方应督促施工单位采取以下节能措施:

一、组织技术措施

制定合理施工能耗指标,提高施工能源利用率。优先使用国家、行业推荐的节能、高效、环保的施工设备和机具。施工现场分别设定生产、生活、办公和施工设备的用电控制指标,定期进行计量、核算、对比分析,并有预防与纠正措施。此外,在施工组织设计中,合理安排施工顺序、工作面,以减少作业区域的机具数量,相邻作业区充分利用共有的机具资源。

二、提高用水效率

在施工现场,采用先进的节水施工工艺是至关重要的。这种工艺不仅能有效降低水的消耗,还能提高工作效率。同时,为了避免浪费,施工现场喷洒路面时,应避免使用市政自来水。施工现场的供水管网设计也需精心布置,根据实际的用水量进行合理设计,选择合适的管径,并保持管路的简洁性。为减少管网和用水器具的漏损,应采取切实有效的措施进行维护和检查。施工现场还应建立一套可再利用水的收集处理系统,这样可以使水资源得到梯级循环利用,从而实现水资源的最大化利用。此外,非传统水源的利用也应受到足够的重视,比如雨水收集等,这不仅能减少对传统水源的依赖,还能为施工现场提供更多的水资源选择。

三、机械设备与机具使用

在机械设备与机具的使用上,建立完善的施工机械设备管理制度至关重要。通过实施用电、用油的精确计量,可以更有效地监控能源消耗,从而实现节能减排。同时,完善设备档案,及时做好维修保养工作,是保持机械设备低耗、高效运行状态的关键。在选择施工机械设备时,应确保功率与负载的匹配,避免大功率设备在低负载下长期运行,造成不必要的能源浪费。此外,机电安装过程中,采用节电型机械设备能进一步降低能耗。合理安排工序,优化工作流程,能够显著提高各种机械的使用率和满载率,从而降低设备的单位能耗。

四、生产、生活及办公室临时设施

在施工现场,充分利用场地条件进行合理设计是至关重要的。对于生产、生活及办公临时设施,应根据其使用功能和实际需求,精心设计其体形、朝向、间距以及窗墙面积比。这样的设计不仅能使设施获得良好的日照、通风和采光,提升使用的舒适度,还能有效节约能源。同时,为了进一步提高能源使用效率,应合理配置采暖、空调、风扇等设备数量,避免设备的过度使用造成的能源浪费。除此之外,还应明确这些设备的使用时间,实行分段分时使用制度,这样可以在满足使用需求的同时,最大程度地节约用电。通过这些措施,不仅优化了施工现场的环境,还实现了能源的合理利用,符合绿色、环保的施工理念。

五、施工用电及照明

在施工用电及照明方面,为提高能源效率和节约资源,应优先选用节能电线和节能灯具。临时用电线路需经过合理设计与布置,确保电能的高效传输和使用。同时,临时用电设备宜采用自动控制装置,以便更加灵活地控制设备的运行,避免不必要的电能浪费。在照明方面,建议采用声控、光控等节能照明灯具,这些灯具能够根据环境声音和光线自动调节亮度,实现节能的同时满足照明需求。照明设计应以满足最低照度为原则,避免过度照明造成的能源浪费。同时,照度也不应超过最低照度的20%,以确保照明质量和节能效果的平衡。

第五章　现场安全文明施工的管理措施及控制手段

第一节　安全监理主要工作内容与方法

一、安全监理主要工作内容

(一) 施工准备阶段

在施工准备阶段,编制安全监理方案和安全监理实施细则是一项至关重要的工作。这些方案和细则将为整个施工过程提供明确的安全指导和保障,确保施工活动在安全可控的环境下进行。对于危险性较大的工程,还需特别关注并单独编制相应的安全监理细则,以应对可能出现的特定风险和挑战。此外,对施工现场及周边环境进行深入的调查了解和熟悉也是不可或缺的环节。这包括对地形地貌、气候条件、交通状况等方面的全面了解,以及对周边居民区、公共设施等敏感点的特别关注。

(二) 施工阶段

在施工阶段,对施工单位进行全面严格的审查和监督是至关重要的。这涉及施工单位的资质、人员配备、安全生产规章制度以及专项施工方案等多个方面。对此,应仔细审查施工单位的资质证书和安全生产许可证,确保其具备从事相关工程的资质和条件。同时,对项目经理、专职安全生产管理人员的配备与到位情况进行核实,检查特种作业人员是否持有有效的操作证。此外,还应深入检查施工总包单位在工程项目上建立的安全生产规章制度和安全管理机构。为了保障整个施工过程的安全性,应督促施工总包单位对各施工分包单位的安全生产规章制度的建立情况进行检查。在施工组织设计方面,应严格审查施工单位编制的安全技术措施和专项施工方案,确保其符合工程建设强制性标准。为了应对可能发生的突发情况,应审核施工单位的安全防护、文明施工措施费用使用计划和应急救援预案。同时,对进场的大型起重机械和自升式架设设施的核验资料和清单进行仔细把关,并检查相关的验收手续是否齐全。在施工过程中,应特别关注施工单位上报的危险性较大工程清单,并定期巡视检查施工单位对这些危险性较大工程的监管和作业情况。应严格检查施工单位设置的各种安全标志和安全防护措施，确保其符合工程建设强制性标准要求，并对照安全防护措施费用计划检查其使用情况。在施工过程中，应持续监督施工单位按照施工组织设计中安全技术措施和专项施工方案进行施工，一旦发现有违规施工作业的情况，应及时采取监理手段进行制止。

（三）总结阶段

在工程竣工之后，项目监理部需要进行全面的安全监理工作总结。这一总结不仅是对项目过程中安全监理工作的回顾，更是对未来类似项目的宝贵经验积累。通过编制安全监理工作总结，可以系统地梳理项目中的安全管理措施、风险点控制情况以及应对突发事件的策略等，从而提炼出有效的安全监理方法和原则。同时，按照相关规定，将安全监理工作中的重要资料进行归档，也是确保工程安全管理的连续性和可追溯性的关键步骤。这些归档资料将成为未来工程安全评估、事故分析以及责任追究的重要依据，对于提升工程安全管理水平具有深远意义。

二、安全监理工作方法

（一）审查核验

在审查核验环节，施工单位被督促及时报送安全生产管理的相关文件和资料，并按要求填写详细的报审核验表。这一步骤至关重要，因为它确保了施工过程中的各项安全措施都得到妥善的记录和审查。同时，对施工单位提交的所有关于安全生产管理工作的文件和资料进行严格的审查核验，这是保障施工安全的关键环节。在审查过程中，一旦发现不符合规定或要求的内容，会立即提出监理意见，明确指出问题所在，并要求施工单位在规定的时间内完善相关资料并再次提交审查。这样的流程不仅提高了施工过程的安全性，也确保了整个项目的顺利进行。

（二）巡视检查

巡视检查施工单位专职安全生产管理人员到岗工作情况；施工现场与施工组织设计中的安全技术措施、专项施工方案和安全防护措施费用使用计划的相符情况；施工现场存在的安全隐患，以及按照项目监理部的指令整改实施情况；项目监理部签发的工程暂停令实施情况。加强巡视检查危险性较大工程的作业情况。根据作业进展情况，安排巡视次数，但每日不得少于一次，并填写危险性较大工程巡视的检查记录。对施工总包单位组织的安全生产检查每月抽查一次，节假日、季节性、灾害性天气期间以及有关主管部门有规定要求时应增加抽查次数，并填写安全监理巡视检查记录。此外，参加建设单位组织的安全生产专项检查，并应保留相应记录。

（三）告知

在工程项目中，监理方承担着重要的沟通和协调角色。为了确保项目的安全生产，监理方需以监理工作联系单的形式，明确告知建设单位在安全生产方面的义务和责任，以及必须关注的相关事宜。这种告知不仅是对建设单位的提醒，更是为了确保整个项目工程的安全与顺利。同时，监理方也将以同样的方式，将安全监理工作的要求、对施工总包单位安全生产管理的提示和建议，以及相关的重要事宜，详尽地告知施工总包单位。这样的做法有助于提升施工总包单位的安全意识，加强安全管理，从而在根本上预防安全事故的发生，保障工程项目的平稳进行。

（四）通知

在工程项目的巡视检查过程中，一旦发现存在安全事故隐患，或者出现违反现行法律、法规、规章以及工程建设强制性标准的情况，特别是未按照施工组织设计中的安全技术措施和专项施工方案进行施工的现象，监理方应迅速反应。此时，及时签发监理工程师通知单显得尤为重要，这是为了指令施工单位在限定期限内进行整改，以消除安全隐患和确保施工的合规性。施工单位在收到整改指令后，须针对问题进行整改，并在完成后填写监理工程师通知回复单，反馈整改情况。项目监理部则负责对整改结果进行复查，确保所有问题得到妥善解决，从而保障工程项目的安全与质量。

（五）停工

在工程监理过程中，若发现施工现场存在严重的安全事故隐患，或者出现重大险情甚至发生安全事故，监理方必须迅速而果断地采取行动。此时，应立即签发工程暂停令，根据实际情况，指令局部停工或全面停工，以防止事态进一步恶化。同时，工程暂停令不仅应发送给施工总包单位，以确保其严格执行停工要求，还需报送建设单位，让其了解现场情况并采取相应的应对措施。施工单位在接收到停工指令并完成整改后，需填写工程复工报审表，向项目监理部申请复工。项目监理部则负责对整改结果进行复查，只有在确认所有问题均已妥善解决，且现场安全状况符合复工要求后，方可批准复工申请。

（六）会议

总监理工程师应在第一次工地会议上介绍安全监理方案的主要内容，安全监理人员应参加第一次工地会议,而且应定期组织召开工地例会,必要时可召开安全生产专题会议。工地例会应包括:安全生产管理工作和施工现场安全现状;安全问题的分析,改进措施的研究;下一步安全监理工作打算。通过各种会议及时传达主管部门的文件和规定。各类会议应形成会议纪要,并经到会各方代表会签。

(七)报告

施工现场发生安全事故,应立即向本单位负责人报告,情况紧急时可直接向有关主管部门报告。对施工单位不执行项目监理部指令,对施工现场存在的安全事故隐患拒不整改或不停工整改的,应及时报告有关主管部门,以电话形式报告的应有通话记录,并及时补充书面报告,将月度安全监理工作情况以安全监理工作月报形式向本单位、建设单位和安全监督部门报告。此外,针对某项具体的安全生产问题,可以以专题报告形式向本单位、建设单位和安全监督部门报告。

(八)监理日记

项目监理部应详细记录每日安全监理的工作情况,这不仅是工作规范的体现,更是对工程项目安全负责的表现。监理日记中关于安全监理的工作记录应涵盖多个方面。其中,必须清晰描述当日施工现场的安全现状,这包括现场的安全设施状况、作业人员的安全防护措施等。同时,还应记录当日安全监理的主要工作内容,如进行的安全检查、隐患排查及整改督导等。此外,对于当日安全生产方面存在的问题,如安全隐患、违规行为等,也需详细记录,并说明已采取或计划采取的处理措施及其效果。

(九)安全监理工作月报

按月编制的安全监理工作月报是项目监理部对安全监理工作的全面总结和计划。这份月报详细记录了当月危险性较大的工程作业情况,并对施工现场的安全现状进行了深入分析,必要时还会附上影像资料以提供更为直观的现场情况。同时,月报也展示了当月安全监理的主要工作内容、所采取的措施以及取得的效果,全面反映了监理部在安全管理方面的努力。此外,月报还列出了当月签发的所有安全监理文件和指令,确保了工作的透明度和可追溯性。月报中还会提出下月的安全监理工作计划,为未来的工作提供明确的指导和方向。

第二节 工程高危险性工程分析

一、工程高危险性工程的分类

工程高危险性工程是指在建设或运营过程中存在较高安全风险,一旦发生事故可能导致严重后果的工程(见表 5-1)。

(一)高风险建筑施工工程

这类工程主要包括高层建筑、大型公共设施、桥梁、隧道等复杂结构的建筑施工。这些工程往往涉及深基坑、高支模、大型起重吊装等危险性较大的分项工程。由于结构复杂、施工难度大,且施工过程中可能涉及多种危险源,如高处坠落、物体打击、触电等,因此被归为高危险性工程。

(二)危险化学品生产与储存工程

这类工程主要涉及危险化学品的生产、储存和运输等环节。由于危险化学品具有易燃、易爆、有毒有害等特性,一旦发生泄漏或爆炸等事故,后果将不堪设想。因此,这类工程的安全管理至关重要,包括但不限于设备的定期检查与维护、应急预案的制定与演练、操作人员的专业培训等。

(三)矿山开采工程

矿山开采工程涉及地下或露天开采矿产资源,如煤炭、金属矿等。由于矿山环境复杂多变,存在瓦斯爆炸、矿体坍塌、透水等多种潜在危险,因此被视为高危险性工程。在这类工程中,必须严格遵守安全生产法规,加强通风与排水系统的建设与维护,确保作业人员的生命安全。

表 5-1 梳理项目高危险性工程,明确控制内容

高危工程	易发阶段	易发部位	可能后果
临时用电	施工全过程	现场用电线、箱	人员触电
机械设备	施工全过程	机械设备	人身伤亡
防汛防台	汛期雨季台风期间	污水池	基坑被淹 高处失稳
高空作业	设备:高处设备安装	污水池	人员跌落

续表 5-1

高危工程	易发阶段	易发部位	可能后果
吊装安全	吊装	各部位	缆索断裂 人员砸伤 设备损毁
物体打击	拆除工程	各构(建)筑物	人身伤亡 成品损坏
有毒有害气体	管道封堵、调试	污泥管、沼气管	人员中毒
管线保护	拆除、安装	埋设压力管道	管道沉降 管道爆裂
防火防爆	加药、调试	污水池	起火爆炸
防溺和高空坠落	设备:调试	盛泥(水)池体	人员跌溺
调试安全	设备:调试	全系统	人身伤亡 设备损毁

二、工程安全文明施工监理

(一)临时用电安全监理

在建筑工程或其他需要临时用电的场合,确保用电安全是至关重要的。以下是对"安全距离、接零和接地、线路配线和架设、配电、开关、线路维修、开关箱及熔断丝,以及特殊场所用电"等关键方面的详细探讨。

1. 安全距离

安全距离是预防电气事故的首要因素。在布置临时用电线路时,必须确保电线与人员、设备、建筑等保持足够的安全距离,以防止因触电或短路引起的火灾和电击事故。特别是在高压线路附近工作时,应严格遵守相关的安全距离规定。

2. 接零和接地

接零和接地是保护电气系统免受故障电流和过电压影响的重要措施。所有用电设备和金属结构都应可靠接地,以确保人员和设备的安全。同时,接零保护(即将电气设备的金属外壳与零线连接)也是防止电气事故的有效手段。

3. 线路配线和架设

临时用电线路的配线和架设必须遵循相关的电气安全规范。线路应远离易燃、易爆物品,避免在人员密集或通道上方架设。同时,线路的绝缘保护必须完好,以防止裸露的电线造成触电事故。

4. 配电、开关、线路维修

配电系统的设计应合理,能够满足用电设备的需求,并有一定的冗余。开关设备应安装在易于操作和维护的位置,并标明清晰的开关状态指示。线路维修工作必须由专业的电工进行,确保在维修过程中断开相应的电源,并采取必要的安全措施。

5. 开关箱及熔断丝

开关箱是控制和保护电气线路的重要设备。它应安装在显眼且易于操作的位置,并具有防水、防尘等功能。熔断丝作为电路的保护装置,其额定电流应根据线路的实际负荷合理选择,以防止因过载或短路引起的电气事故。

6. 特殊场所用电

在特殊场所,如潮湿环境、高温环境或有爆炸性气体的环境中使用临时用电时,应采取额外的安全措施。例如,在潮湿环境中应使用防水电器和线路,并定期检查绝缘性能;在高温环境中应注意线路的散热和防火措施;在爆炸性气体环境中应使用防爆电器等。

表 5-2　临时用电安全监理

安全监理内容	安全监理检查控制点	安全监理措施
安全距离	建筑物(脚手架等)与外电架空线路的安全操作距离。 机动车道与外电架空线路交叉时的垂直距离。 起重机械或吊物与架空线路的水平距离。 开挖沟槽时与埋地电缆的安全距离	督促施工方做好相关安全措施。 巡视检查是否有违章作业情况。 地下作业前督促施工方要求建设单位提供地下管线布置图
接零和接地	专用的中性点直接接地的电力线路接零和电气设备的金属外壳接零。 共用同一供电系统时的接零或接地。 只允许做保护接地系统的安全措施。 电力系统的相线和接零。 用电设备的漏电保护	检查工作接地与重复接地是否符合要求。 检查是否采用 TN-S 系统。 检查专用保护零线是否符合要求。 检查保护零线与工作零线是否混接。 检查只允许做保护接地的系统中是否设置绝缘台。 巡视抽查各种用电设备的接零、接地、漏地保护是否符合强制性条文

续表 5-2

安全监理内容	安全监理检查控制点	安全监理措施
线路配线和架设	架空线材料和室内配线材料。 架空线架设和电缆架设。 负荷保护。 交流弧焊机变压器的电源线长度	巡视检查线路配线是否符合强制性条文。 巡视检查线路架设是否存在乱拖、乱拉、乱接现象。 巡视检查电线是否存在老化、破损、未包扎等现象。 巡视检查经常过负荷的线路、易爆易燃物邻近的线路是否有过负荷保护措施
配电、开关、线路维修	悬挂停电标志。 停、送电专人负责。 停、送电顺序	检查是否符合"三级配电三级保护"要求。 检查开关箱(末级)有无漏电保护或保护器失灵。 检查漏电保护装置参数是否匹配。 检查电箱内有无隔离开关。 检查电箱是否有门、有锁、有防雨措施。 巡视检查电器、线路维修时是否悬挂停电标志并专人监控。 巡视检查停、送电是否有专人负责。 监理停、送电的操作顺序是否符合强制性条文。 检查是否有电工巡检维修记录
开关箱及熔断丝	一机、一闸、一漏、一箱。 电源线连接。 材料	巡视检查每台用电设备是否有各自开关箱,并符合一机、一闸、一漏原则。 巡视检查进入的电源线是否违章用插销、竹片等连接。 巡视抽查是否用不符合原规格的熔断丝代替。 巡视抽查是否用其他金属丝代替
特殊场所用电	36 V 电压使用范围。 24 V 电压使用范围。 12 V 电压使用范围	检查特殊场所是否使用安全电压,使用安全电压范围是否符合强制性条文

（二）机械设备安全监理

1. 操作人员

操作人员应体检合格,无妨碍作业的疾病和生理缺陷,并应经过专业培训、考核合格取得建设行政主管部门颁发的操作证或公安部门颁发的机动车驾驶证后,方可持证上岗。学员应在专人指导下进行工作。

在工作中操作人员和配合作业人员必须按规定穿戴劳动保护用品,长发应束紧不得外露,高处作业时必须系安全带。机械必须按照出厂使用说明书规定的技术性能、承载能力和使用条件正确操作,合理使用,严禁超载作业或任意扩大使用范围。机械上的各种安全防护装置及监测、指示、仪表、报警等自动报警、信号装置应完好齐全,有缺损时应及时修复。安全防护装置不完整或已失效的机械不得使用。变配电所、乙炔站、氧气站、空气压缩机房、发电机房、锅炉房等易于发生危险的场所,应在危险区域界限处,设置围栅和警告标志,非工作人员未经批准不得入内。挖掘机、起重机、打桩机等重要作业区域,应设立警告标志及采取现场安全措施。在机械产生对人体有害的气体、液体、尘埃、渣滓、放射性射线、振动、噪声等场所,必须配置相应的安全保护设备和"三废"处理装置。

2. 防护措施

各类机械的运动部件要设有防护罩、防护套、防护栏杆,作业区设立禁止标志。室外使用的机械设备应搭设机棚。制定和遵守安全规程,对操作人员进行安全教育,无关人员不得玩弄机械。操作人员要作好个人防护,穿戴衣服应不易被机械夹持。机械进场使用前应进行检查,无安全资料的机械、缺少安全防护装置的机械不得投入使用。机械要及时检查维修。

表 5-3　脚手架工程安全监理

安全监理内容	安全监理检查控制点	安全监理措施
脚手架立杆的地基承载力	地基承受架体荷载。 使用过程中临近管沟开挖	实地抽查并检查软土地基处理记录和回填土夯实记录。 督促施工方遵循先开挖管沟后脚手架搭设的原则。遇特殊需要,督促施工方先加固后开挖
脚手架材质	钢管打孔。 扣件有裂缝、变形、螺栓滑丝等质量问题	核查钢管和扣件的合格证明文件。 目测钢管和扣件的表面质量

续表 5-3

安全监理内容	安全监理检查控制点	安全监理措施
脚手架搭设	搭设人员持证上岗。 脚手架步距、立杆间距、连墙杆间距。 脚手架横向水平杆构造、扫地杆、二杆接长、连墙杆、剪刀撑、横向斜撑、搭设高度	检查搭设人员上岗证和安全技术交底情况。 检查搭设区域是否设置警戒线。 旁站监理脚手架立杆间距是否符合施工方案。 督促施工方报审《施工机械、安全设施验收核查表》、核查《落地式脚手架搭设验收记录表》,抽查部分项目的验收结果和与实际搭设的相符性以及和施工方案的相符性
脚手架使用	施工荷载。 悬挂、固定其他设施。 易燃物品堆放。 使用期间违章拆除连墙杆、扫地杆、水平杆	巡视检查是否有施工荷载超载或堆物不均匀现象。 巡视检查是否有需模板支架、缆风绳、输送泵、起重设备等固定、悬挂在脚手架上。 巡视检查脚手架的完好情况。 抽查施工方的例保维修记录
脚手架拆除	连墙杆拆除。 逐层拆除	检查拆除人员上岗证和安全技术交底情况。 检查拆除区域是否设置警戒线。 阶段性旁站监理是否有高空抛物现象。 巡视检查连墙杆是否随脚手架逐层拆除。 巡视检查是否有上下同时作业或单边拆除现象

表 5-4　起重吊装安全监理

作业/设施	安全监理内容	安全监理检查控制点	安全监理措施
起重吊装施工	起重机械	(1)起重机械设备进场报审。 (2)起重机械的安全装置。 (3)起重扒杆的选用	(1)起重设备必须进行报审,经有关部门检测合格后方可投入使用,否则予以退场处理。 (2)督促施工承包方检查起重机械的安全装置。 (3)起重扒杆设计必须进行计算并经上级主管部门审批

续表 5-4

作业/设施	安全监理内容	安全监理检查控制点	安全监理措施
起重吊装施工	钢丝绳与地锚	(1)钢丝绳磨损情况。 (2)扒杆滑轮及地面滑轮的选用。 (3)缆风绳钢丝绳的选用。 (4)地锚的设置	根据有关规范要求做相应的处理
	吊点	(1)吊点的位置。 (2)索具的选择。 (3)起重用钢丝绳。 (4)吊索	(1)检查吊点位置是否符合审定的施工方案要求。 (2)检查索具的选择是否满足起重重量的要求。 (3)当采用多点起吊时,检查每根吊索的长度是否使重物在吊装过程中处于稳定位置
	地耐力	(1)起重机作业区路面。 (2)起重机行驶或停放位置。 (3)起重机的作业条件。	起重机支点必须严实,必须满足起重作业的要求
	司机、指挥	(1)司机及指挥上岗证;是否符合本机型的操作。 (2)指挥信号	(1)司机必须是本机型的操作者。 (2)指挥信号必须清晰明确,防止误操作
	警戒区域	(1)起重吊装作业时危险作业区域划定及醒目的警示标志设置。 (2)专人监护情况的落实	(1)检查危险作业区域划分是否能确保施工安全。 (2)督促检查施工单位是否指派专人进行监护,及时阻止无关人员进入施工场地

表 5-5　有毒有害气体安全监理

控制项目	内容与措施
有毒有害气体环境下作业防护	施工项目部对涉及有毒有害气体操作和相关人员必须进行安全防护知识培训,提高员工的自救、互救能力。 施工现场必须配备硫化氢检测仪、排风设备和活鸽子。 施工现场要做好警戒围护,设专人看管非工作人员不准入内。

续表 5-5

控制项目	内容与措施
有毒有害气体环境下作业防护	管道开孔处设置大功率排风扇,开孔期间持续进行排风,降低有害气体浓度。 新老管道连接时,派专人全天候监视硫化氢检测仪表的数值和活鸽子的状态反应。一旦发现检测仪器报警或鸽子出现异常立即通知现场人员撤离作业区并采取预案措施,降低硫化氢浓度直至允许值以下,才能继续施工。 施工照明工作电压必须低于 16 伏,现场不允许点燃明火和吸烟。 施工现场必须配备紧急救护设备和相应的急救物品。 下井前应用硫化氢检测仪对井下有害气体进行测量,并把测量结果的相关数据如实填写在下井作业票上。 根据测量结果,依据作业票上的安全标准,达到要求后,由项目经理签字,方可下井作业。 地面上应留有两名以上的工作人员,进行监督防护。 作业人员应穿戴必要的防护用品,并携带必要的照明设施及特制工具。 必要时,下井人员应系上安全带,谨防意外发生。 连续作业不能超过半个小时,并随时与地面保持联系,有条件应配备对讲机。 应有必备的事后防范措施,备好应急、防护药品

项目结构较高,涉及闸门安装、电动葫芦安装等高处作业。所有上池和高处作业都要考虑安全问题。

表 5-6 防高空坠落安全监理

控制项目	内容与措施
防高空坠落	池体洞口未保护区域禁止作业,并应设有阻拦警示设施。 池体洞口保护应设永久或临时围栏,栏杆高度不低于 1.2 m。 污水、泥池作业不准随便越栏工作,越栏工作必须穿好救生衣(有水、泥状况下)、挂好安全绳,并有人监护。 污水、污泥池区域应设置救生圈,以备不测之需。 登高作业应牢记:"三件宝"(安全帽、安全带、安全网),遵守登高作业的规定。 碰到高空作业、设备吊装前必须了解风力。大风情况下不得登高和吊装作业

表 5-7　防火防爆安全监理

控制项目	内容与措施
防火防爆	压力容器(氧气瓶、锅炉等)安装位置要建立严格的防火防爆制度,并建立动火审批制度,避免引起火灾和爆炸。 加强管道监测,控制沼气跑、冒、滴、漏,避免可燃物泄漏达到爆炸限度。 防止产生火花。防爆区的电机、照明应采用防爆型;避免因接触不良、绝缘不良、超负荷或过热而产生火花或着火;正确铺设避雷装置;检修照明采用安全灯;避免机械性撞击。 严格遵守防火制度。严禁在生产区吸烟,严禁明火取暖和焚烧可燃物,严禁在防爆区内装设电热设备。 配备安全装置。如装上报警器、在压力容器上安装安全阀,有些设备和管道上可安装防爆板,安全装置要按规定维护核对,处于良好状态。 加强各种可燃物质的管理,燃料应按品种堆放,不得混入硫化物和其他杂质;对酒精、丙酮、油类、甲醇、油漆等易燃物质要妥善保存,不得靠近火源。 采取防火技术措施,设计建筑物和选用设备应采用阻燃或不燃材料;油库和油缸周围应设置防火墙等。 配备消防设施,厂区要按规定配备消防栓、消防水源等。车间应配备必需的消防用具,如砂箱、干粉、二氧化碳灭火器或氯溴甲烷灭火器。 项目部组织防火防爆学习和实地演习,提高施工人员灭火技能

表 5-8　文明工地安全监理

控制项目	内容与措施
文明工地	安全管理人员、特种作业人员持证上岗。 实施标准化管理,安保体系完善并已通过认证。 食堂有《卫生许可证》、炊事人员有健康证。 工地有医务室或配备急救药箱。 建设、监理、施工单位创建文明工地有计划、有措施。 文明施工、质量、安全、环境卫生管理等组织机构(网络)及相应的岗位责任制及管理制度齐全。 施工合同、监理合同、施工组织设计、施工方案、设计变更等审批手续完整。 高危作业时有专项的应急处置预案。 施工组织设计有针对性的文明施工、安全、质量、管线保护、现场卫生等管理措施。 现场项目经理和专职管理人员定期对现场文明施工、质量、安全、环境卫生、消防进行检查并记录。 施工许可资料(掘路执照、道路施工许可证、占路许可证、市政设施养护临时交接协议等)及管线保护资料(三卡一单)齐全。 工程简报、黑板报等宣传报道有原始记录,工地职工教育、培训、考核情况记录齐全。 食堂进货检查记录、留样菜、冰箱清洗记录、灭"四害"投药记录齐全。 外来务工人员登记名册和工地职工进出工地登记记录齐全、"四证"齐全。 动火审批制度和审批手续齐全

第三节 其他监理措施

一、环境保护监理措施

监理机构要求施工单位遵守国家有关环境保护的法律规定,文明施工,注重保护环境。施工中采取措施控制施工现场的各种粉尘、废水、废气、固体废弃物以及噪声、振动对环境的污染和危害。监理工程师主要采取下列措施:在审核施工单位施工方案的同时,审核环保措施,对无环保措施或达不到环保要求的施工坚决予以否定;根据国家、地方、施工合同的环保要求,检查施工单位的施工情况,对不符合环境保护要求的情况立即给予制止和纠正;配合地方环保部门,对施工区环保情况进行检查,施工中的开挖、堆渣、弃料堆放及建筑垃圾的处理等应符合规定。除此之外,还应采取有效措施控制施工期物料装卸、运输、堆场及混凝土拌和过程中的扬尘和废气污染;选用低噪声设备,合理布置高噪声设备施工作业和施工场地,采取有效隔声降噪措施;除设有符合规定的装置外,不得在施工现场熔融沥青或者焚烧油毡、油漆以及其他会产生有毒、有害烟尘和恶臭气体的物质;对达不到健康要求的施工场所,指令施工单位进行整改,必要时报建设单位同意后下达停工令。

对合同规定的施工活动界限之外的植物、树木,必须尽力维持原状,避免对环境造成人为污染。如因环境污染而引起的经济赔偿,施工单位承担全部责任。其中,施工单位应将工程弃料运至专门指定的弃场堆放。由于施工单位违反施工堆料和弃料规定而引发人身安全事故、环境影响和经济损失,施工单位承担全部责任。同时,施工单位应在工程施工现场和生活区设置足够、符合标准的临时卫生设施,定期清扫处理。除此之外,施工中的弃土与建筑垃圾必须全部运走,严禁弃入河流。生活污水也必须经过消毒处理才能排放。生活垃圾分类收集,不可回收的垃圾要消毒并填埋于指定地点。工地厕所要定期消毒、杀虫,施工结束后要消毒填埋。不仅如此,还要设置废油收集设施,严禁废油随地乱倒,泼洒到地面、水面的废油必须予以处理。最重要的是,工程完工后,按环保要求或建设单位要求对现场残存材料进行妥善处理,拆除施工临时设施,并清除现场一切残存杂物。

二、防台防汛管理措施

以奉贤一水厂为例,从 2014 年 4 月开工,2018 年底完成通水调试进入试运行,历时 4 年左右时间,每年需经历台风、汛期,因此防汛工作安全措施必须落实到位。防汛安全控制措施如下:上海市每年 7 ~ 10 月份是台风发生季节,防汛防台是安全工作的重点。现场项目部专门成立由项目经理任组长,施工生产、安全、物资等部门领导组成的防台防汛领导小组,负责防汛抢险的指挥调度工作。督促施工单位制定防汛防台专项方案应急预案,报监理部审批、业主认可,并在施工过程中严格按专项方案执行和落实。收到台风预警后,启动应急防汛防台及避风预案,落实各项应急措施,做好后勤保障工作。各单位做好施工人员撤离和安置工作,可移动设备及时撤离现场,并做好工程保护和预防工作。

台汛期间必须加强值班,每天收听天气预报,掌握气象动态。收到热带气旋警报时,项目经理应组织施工人员全力以赴,按应急处置预案,做好统一部署和安排,严格执行工程进度计划,保证在台汛期到之前工程进度满足度汛节点要求,同时做好防台防汛的各项准备工作,储备好防台防汛物资,编制好应急预案,成立应急救援小组。还要加强天气预报、水文预报等信息的接收处理和监测,督促施工单位合理安排施工进度和工作内容。并检查施工单位防台防汛组织机构的设立、人力配备、人员分工。此外,检查施工单位防台防汛的物资准备如水泵、草包、救生设备、通信工具、车船等防汛物资及船只避台锚地。另外,施工项目部在防汛防台期间,加强值班,人员到岗,工作到位,明确责任,切实落实防汛防台专项方案的各项措施。

三、安全监理快速反应机制

安全监理贵在"快",要建立安全监理快速反应机制。安全监理快速反应机制分为两个方面:一方面是发现危险源的快速处理反应机制;另一方面是发生安全事故的快速反应机制。流程图如图5-1。

四、快速反应机制需要履行的工作内容

安全监理快速反应机制要通过建立长效机制、平时演习等措施来确保安全监理快速反应机制的有效性。为此应做好以下几点:检查施工单位应急预案的制订和响应,督促组织进行急救演习,并对应急预案和响应实际效果进行检查和评价;检查项目部管理人员对应急预案的响应,参加项目部组织的急救演习,参加安全员组织的应急预案和响应的实际效果评价;检查预防安全事故管理和信息工作各部门、班组向安全部门提供有关紧急救护的信息工作。当发生安全事故时,首先发现者应及时通知各部门,现场工作人员应在班组安全员或受紧急救护培训人员的带领下,开展现场紧急救护工作;检查施工现场必须配备的紧急救护设备和相应的急救物品;如发生安全事故,积极配合有关部门对事故原因进行调查和处理,针对原因责成事故发生部门采取纠正措施,防止再发生。而且,施工项目部必须贯彻执行施工期间的信息联系制度,确保通信畅通,现场指挥随时能了解真实情况,确保指挥无误。

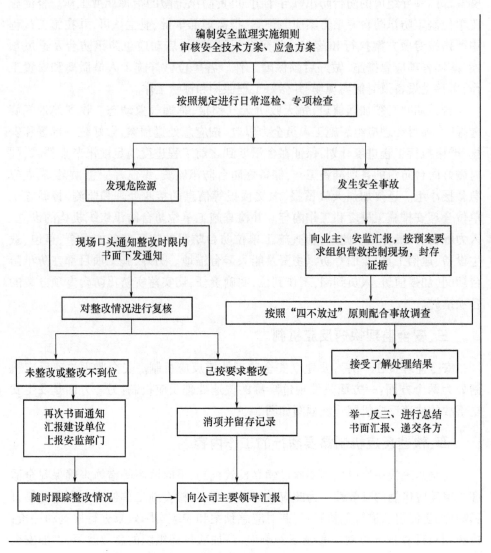

图5-1 安全监理快速反应流程图

五、安全监督资料八本台账

根据《建设工程监理施工安全监督规程》(DG TJ08-2035-2014)要求建立现场监理部,建立安全监理八本台账,系统化管理安全监督资料。大致内容如下:

安全监督
八本
台账要点

1. 安全配置:法规,标准清单(领建立目录),安全防护用品

2. 综合文件:
- 监理合同
- 总盟、总代任命书,安全监督人员证书
- 安全生产责任书
- 安全监督岗位职责
- 安全监督方案(规划内包含监理规划)
- 安全类细则,报审,交底(须建立目录)
- 安全巡检及回复

3. 过程控制:
- 安全通知单及回复
- 联系单
- 停工令
- 安全会议纪要及签到(须建立目录)
- 巡检记录(须建立目录)
- 安全日志
- 安全月报(与质量月报合并,业主有要求除外)

4. 报审备案:
- 安全生产制度
- 总(分)包资质
- 安全生产协议
- 特殊工种人员(须建立目录)
- 施工组织
- 危大清单
- 大型起重机械和自身式起重机报审、检查、报验
- 安措费

5. 危大工程:
- 危大确认表
- 专项方案
- 专项细则(报审、交底)(须建立目录)
- 危大巡视检查记录
- 危大相关联系单、通知单及回复

6. 带班制度:制度、项目经理、总监、总代(如有)要委托书、巡视记录

7. 隐患排查:制度、记录

8. 安全活动:计划、自查记录报告、总结、照片

第六章 关键部位的旁站监理方案

第一节 旁站监理的组织与实施

一、旁站监理团队的组建与职责

(一)团队组建

根据项目需求和规模,确定旁站监理团队的人员数量和专业背景。通过招聘、内部选拔等方式,选拔具备相关专业知识和实践经验的监理人员加入团队。对团队成员进行必要的培训和考核,确保其具备胜任工作的能力。

(二)职责分配

明确团队负责人的职责,包括总体监控项目进度、质量和安全等方面的工作,以及与建设单位、施工单位等相关方的沟通与协调。根据团队成员的专业背景和技能特长,合理分配具体监理任务。例如,土木工程专业的监理人员负责土建施工的监理工作,水利工程专业的监理人员负责水源取水口等水利设施的监理工作。设立定期汇报和讨论机制,以便团队成员及时分享监理进展、发现问题并提出改进措施。

(三)动态调整与优化

定期评估团队成员的工作表现和项目需求,根据实际情况进行人员调整或职责优化。加强团队成员之间的沟通与协作能力培养,提高团队整体执行力和应变能力。鼓励团队成员积极参与继续教育和专业培训活动,不断提升自身专业素养和监理能力。

二、监理记录与信息反馈机制

(一)监理记录

制定统一的监理记录格式和内容要求,确保所有监理人员按照标准进行记录,便于后续数据分析和整理。监理人员应在施工现场进行实时记录,包括施工进度、质量情况、安全问题等,确保信息的时效性和准确性。采用电子化管理系统,方便数据的存储、查询和分析,提高工作效率。

(二)信息反馈机制

监理人员应定期向监理单位提交监理报告,汇总施工进度、质量问题和改进建议等信息。一旦发现重大问题或安全隐患,监理人员应立即向建设单位和施工单位进行反馈,确保问题得到及时解决。定期组织召开建设单位、施工单位和监理单位之间的沟通协调会议,共同讨论解决施工中遇到的问题。

(三)监督与改进

监理单位应定期对监理记录进行审核,确保记录的完整性和准确性。根据监理记录和反馈的信息,不断调整监理策略和方法,以提高监理工作的有效性。

三、旁站监理工作范围

旁站监理的工作范围十分关键,它涵盖了多个重要方面。其中,对涉及结构安全的重点施工部位和隐蔽工程的监督是旁站监理的首要任务。同时,旁站监理还需密切关注那些影响工程质量的特殊过程和关键工序,这些环节对于整体工程的质量至关重要。此外,新工艺、新技术、新材料、新设备的试验过程也是旁站监理不容忽视的部分,这些创新元素的引入可能会对工程产生深远影响。首件样板以及重要施工过程的监督同样必不可少,它们往往能反映出整体工程的施工水平和质量。对于施工过程中出现的严重质量问题及质量事故处理过程的监督,更是旁站监理职责中的重中之重。

第二节　关键部位旁站监理要点

一、工程须旁站的关键部位和关键工序

(一)土建专业旁站清单

土建专业旁站清单是土建工程监理中的重要文件,它详细列出了需要监理旁站的关键施工环节(见表6-1)。这些环节包括但不限于:混凝土浇筑、预应力张拉、灌注桩施工、基础土方回填等。通过旁站,监理能够实时监控施工过程,确保每一步都符合设计规范和安全标准。此清单不仅有助于保障施工质量,还能预防潜在的工程风险。因此,土建专业旁站清单是确保建筑项目顺利进行、达到预期质量标准的关键工具。在执行旁站任务时,监理人员需严格按照清单要求操作,

确保每个环节都得到有效的监控和管理。

表 6-1 土建专业旁站清单

序号	工程部位	施工工序	工序旁站控制重点
1	常规见证		测量放样、材料取样、现场试验等
2	预制桩	定位	施工前及开挖后桩位偏差
		接桩	焊接情况、焊渣清理、冷却时间
		压桩	压桩速度、施打压力、桩身垂直度
3	钻孔灌注桩	钻孔	孔径、孔深
		钢筋笼吊装	钢筋笼固定、保护层、下方深度
		混凝土浇筑	坍落度、导管下放深度、混凝土浇筑速度、钢筋笼有无上浮
4	SMW 工法桩	H 型钢插入	位置、垂直、无偏斜、无平面转向、到达设计深度
		搅拌桩施工	泥浆比重、浆液稠度、搭接
		桩身	桩身垂直度、搅拌桩的深度、截面尺寸
5	高压旋喷桩		引孔插管、旋喷提升
6	劲性复合桩		柔性桩及刚性桩施工质量、两种桩间隔时间
7	基坑工程	基坑开挖	边坡、深度、土方出运及堆放、基底人工开挖
		基坑围护	搅拌桩泥浆比重检查、配比检查
8	建构筑物	现状拆除	高处作业、成品保护
		混凝土结构	预埋件的安装位置测量及安装固定、混凝土浇筑及试块制作、施工缝处理
		满水试验	注水时间、结构位移、渗漏情况(液面变化)
9	道路工程	道路工程	暗浜处理;密实度试验;弯沉试验;浇筑;面层摊铺
10	管道工程	开槽埋管	管道基础;管道连接;防腐及功能性试验
11	地下管线拆除		硫化氢检测

(二)设备安装专业旁站清单

设备安装专业旁站清单是设备安装工程监理中不可或缺的一部分。它详细列举了需要监理密切关注的关键设备安装环节(见表 6-2)。这些环节包括设备的吊装与定位、电气接线与调试、管道连接与试压等。通过旁站监理,可以确保设备安装过程中的每一步都严格按照技术规范和操作要求进行,从而保障设备的正常运行和使用安全。该清单不仅提高了设备安装的质量可控性,还有助于及时发现并纠正安装过程中可能出现的问题。因此,设备安装专业旁站清单对于确保设备安装工程的顺利进行和高质量完成具有重要意义,同时也为后期设备的稳定运行奠定了坚实基础。

表6-2　设备安装专业旁站清单

序号	工程部位	施工工序	工序旁站控制重点
1	常规见证		测量放样、材料取样、现场试验等
2	刮泥机、水泵、风机等大型设备安装工艺设备	吊装、开箱	吊装安全、存储保护、开箱验收
		吊卸、安装调试	吊装安全、安装过程检查
		设备就位	位置检查
		防腐施工	涂层层数、厚度检查
3	电气设备	盘、柜、变压器等设备进场	开箱验收
		盘、柜的布置、安装	全过程旁站
		电缆管敷设	全过程旁站
		电缆穿线	全过程旁站
4	仪表自控	仪表、盘、柜等设备进场	开箱验收
		设备安装就位、调试	全过程旁站
		综合布线(穿线施工)	全过程旁站
		仪表、盘、柜等设备进场	开箱验收
5	所有设备	设备调试	单机调试、联动调试及试运行的工艺指标检测

二、旁站监理工作程序

旁站监理工作程序是确保施工过程得到有效监控的关键流程(见图6-1)。该程序首先要求监理在工程开工前,对需要旁站的关键工序进行识别和清单制定。在施工过程中,监理需按照旁站清单,亲临现场对施工过程进行实时监控,确保施工质量和安全。一旦发现施工中有不符合规范或设计要求的情况,监理需立即提出整改意见并监督其实施。同时,监理还要详细记录旁站过程中的所有关键信息和数据,为后续工程质量评估和问题追溯提供依据。旁站监理工作程序的严格执行,不仅保障了工程的施工质量和安全,也为提升整个工程的质量管理水平奠定了坚实基础。

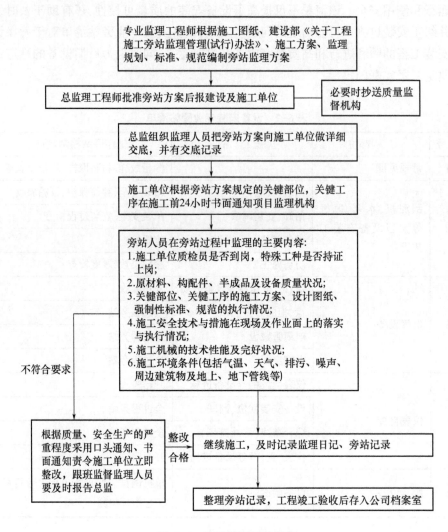

图 6-1　旁站监理工作程序

三、旁站监理人员的工作内容

　　检查施工企业现场质检人员到岗、特殊工种人员持证上岗以及施工机械、建筑材料准备情况。旁站时应检查施工单位的有关现场管理人员、质检人员是否在岗。现场跟班监督关键部位、关键工序的施工执行施工方案以及工程建设强制性标准情况。核查进场建筑材料、建筑构配件、设备和商品混凝土的质量检验报告等，并可在现场监督施工企业进行检验或者委托第三方进行复验。实施旁站监理时，发现施工单位违规行为，有权责令施工企业立即整改；发现其施工活动可能危及工程质量和施工安全的,旁站监理人员应及时制止并督促整改,及时向总监理工程师报告,由总监理工程师下达局部暂停施工指令或者采取其他应急措施,同时报告业主单位和公司相关部门,必要时可报告安全质量监督站。此外,旁站监理记录是监理工程师或者总监理工程师依法行使有关签字权的重要依据。对于需要旁站监理的关键部位、关键工序施工,凡没有实施旁站监理或者没有旁站监理记录的,监理工程师或者总监理工程师不得在相应文件上签字。另外,做好旁站监理记录和监理日记,保存旁站监理原始资料。

旁站监理值班记录

（监理[　　]旁站　　号）

合同名称：　　　　　　　　　　　　　　　　　　　　合同编号：

日期		单元工程名称		单元工程编码	
班次		天气		温度	
人员情况	现场施工负责人单位：＿＿＿＿＿＿＿＿＿＿　　姓名：				
	现场人员数量及分类人员数量				
	＿＿＿人员＿＿个		＿＿＿人员＿＿个	＿＿＿人员＿＿个	
	＿＿＿人员	＿＿个	其他人员	＿＿个	
	＿＿＿人员	＿＿个	合计	＿＿个	
主要施工机械名称及运转情况					
主要材料进场与使用情况					
承包人提出的问题					
曾对承包人下达的指令或答复					
施工过程情况					

当班监理员：(签名)＿＿＿＿＿＿＿　　现场承包人代表：(签名)＿＿＿＿

合同名称：　　　　　　　　　　　　　　　合同编号：

第七章 工程特点、难点、重点措施和建议

第一节 工程特点、难点、重点分析及措施

根据自来水厂工程建设中多年的监理经验,结合类似项目特点进行分析总结,认为自来水厂工程关键技术特点、重点及难点为以下几个方面:

一、新老系统并网切换和安全管理

例如奉贤三水厂二期或三期改造项目,新建及改造施工均在老厂区内进行,改造期间水厂分阶段正常运行。改造项目涉及拆除、改造部分老设施,并且需满足水厂在施工期间不停产的运行要求,需要总包单位统筹考虑,合理安排构筑物改造实施顺序,这期中,加强施工期间安全管理的主要内容:施工区域内的施工安全(有毒有害气体);施工区域内的管线摸排、交底;供电切换,水厂正常运营安全、设施安全;设备拆卸安全及设备保护。在这过程中,需要督促施工单位按照设计要求以及水厂运行要求,制定详细的《厂区拆除改造及新老系统并网切换专项施工方案》,明确分组改造顺序及时间安排,报送厂方运行部门及业主、监理进行审核。再者,涉及原有水厂管线进行停水切换施工以及供电切换施工的,施工前必须经厂方同意,各项准备工作要严格落实并经监理检查符合要求后方可实施,督促施工单位安排专业电工,并安排专业电气工程师进行监督。停水、换电施工期间各相关人员必须在岗,在确保安全的前提下加快施工进度,严格控制在允许时间以内,避免造成停水事故以及影响厂区其他设施正常运行。每天进入厂区施工的人员名单、作业点及施工计划必须报厂方安全部门批准后方可实施。此外,拆除及改造施工应加强有毒有害气体监控,尤其是地下污水管线的封堵、拆除,实施前必须进行有毒有害气体检测,作业人员防毒面具、口罩等安全防护措施必须配备到位,每个作业点作业人员不得少于两人。由于水厂建设时间较久,可能已无法找到施工图纸,因此管线排设前,必须经过厂方地下管线交底,并督促施工单位做好管线排摸,开样洞摸清地下管线走向和埋深,切不可野蛮施工,挖断管线,造成水厂运行事故。此外,督促施工单位做好安全技术交底,施工时必须按审核通过的方案实行,围护隔离措施必须做到有效整齐。对开挖基坑的项目,开挖前,做好管线交底。土方必须及时外运,及时清理现场及道路上的余土,对开挖的基坑必须做好围护工作,夜间必须有足够的照明设施。保持厂区道路的畅通。另外,

对施工单位进行交底,不得进入作业点以外水厂厂房及水池,不得随意启闭水厂设备,改造施工期间,监理需全程旁站。同时,建议推行施工现场"现场信息化监控系统",加强管控,其中视频监控系统,24×7全程无死角监控。

二、深基坑工程质量安全控制

项目开工后,要按照标准要求向安全监督部门申报危险性较大工程。根据类似工程以往监理工作经验以及现场踏勘情况,项目需涉及深基坑工程。深基坑工程实施过程中受到开挖、大气降水以及施工动载等许多不确定因素的影响,因此在高地下水位的软土地基中开挖如此深大的基坑工程存在着一定的风险性,须进一步加强过程质量和安全控制。在这过程中,督促施工单位根据地质勘探报告及设计图纸,认真分析地质条件,编制基坑降水、围护及开挖专项方案,按照程序进行专家评审。按照审批的方案做好基坑降水及围护施工,并对围护结构进行相关的检测。围护结构达到要求后,根据上海水务监督站制定的《基坑开挖条件检查表》进行基坑开挖条件验收,所有条件均具备后进行开挖。基坑开挖完成后,组织相关单位进行基坑验槽,合格后及时进行主体结构施工,减少基坑暴露时间。此外,加强对基坑围护桩的保护和监测,确保基坑围护桩的变形在可控范围内。另外,针对常见的问题,做好应急方案。

三、高支模工程质量安全控制

项目开工后,要按照标准向安全监督部门申报危险性较大工程。根据以往监理工作经验,项目送水泵房、反冲洗泵房等可能涉及高支模工程,须加强过程质量和安全控制。在这过程中,督促施工单位编制《高支模专项施工方案》,按监理程序审批后按相关规定要求组织进行专家评审,根据专家评审意见对方案进行完善并及时回复,并上报监理、建设单位审批后实施。脚手架搭设前,督促施工单位根据专项方案对施工人员进行质量技术交底和安全交底。在搭设过程中,检查施工单位质量员、安全员必须到位,并对模板支撑脚手架立杆间距、横杆间距等进行实测,对扣件进行扭矩检测,不符合方案要求的立即要求施工单位予以整改。支撑脚手架搭设完成后,要求施工单位首先进行自检,合格后报监理进行验收。监理组织建设、设计及施工参建四方共同对脚手架进行现场验收,检查脚手架立杆间距、横杆间距、水平剪刀撑、垂直剪刀撑,并抽检扣件扭矩,验收合格后挂验收合格牌。支撑脚手架验收合格后,方允许进行模板安装及钢筋绑扎,隐蔽验收合格,监理全程旁站混凝土浇筑作业。同时,模板拆除前,要求施工单位上报拆模令并后附混凝土强度报告,达到规定强度方允许拆模。另外,拆模过程中,监理现场检查安全员到岗及安全防护措施设置,严格按照方案按顺序拆除。

四、构筑物防水抗渗控制

自来水厂建设项目工程,许多构筑物为盛水结构,部分构筑物为老构筑物(例如深度处理项目地下清水池)上端局部凿除,叠加新构筑物,为保证结构质量安全,对变形缝、施工缝及后浇带部位的防水抗渗提出较高的要求。对于盛水构筑物防水抗渗的问题,要有客观的认识。既要做好充分的事前预控,杜绝漏水,减少渗水,也要从事后万一出问题的角度,做好整改和修复预案。

对于混凝土质量,开工之初,要严格按照设计要求进行配合比试配工作。在施工中,关键要控制水灰比、外加剂及坍落度指标。混凝土浇筑过程中,不定期对搅拌站进行抽检,检查粗细骨料规格及外加剂配备情况,并到操作室的电脑中调取实时配合比记录,检查实际配合比是否符合要求,外加剂是否按规定添加等。浇筑过程旁站监理,控制墙板振捣,做到不漏振,不过振,防止局部离析。对于预埋套管的下侧死角,务必采用小型振捣器振捣到位。应控制好分层浇筑的高度。施工缝按要求做好钢板止水带,二次浇筑前清理接缝处的垃圾或浮浆,施工缝先接浆再浇筑。此外,需要检查止水带的轴线顺直度及固定情况,在混凝土浇筑过程中应重点监督止水带部位的振捣,尤其是止水带下部要加强振捣,但应避免止水带偏位。后浇带位置还应重点检查防水质量,后期钢筋及止水带的防腐、保护措施必须到位。加强带主要检查钢筋布置、宽度等是否符合设计要求。待混凝土浇筑完成后,应加强混凝土的养护,采取土工织物覆盖和洒水养护等措施,控制混凝土干缩裂缝。等结构完工后,必须进行满水试验。满水试验水位必须做到设计水位。渗水点和出现水斑的部位先检查,再堵漏修复,确保堵漏止渗效果。对于砼结构"狗洞"和止水带处漏水,要有预案并落实专业堵漏队伍。同时,关注池体高低跨施工,重点防漏抗渗处。

五、管道及地下水池池体防腐控制

新建地下盛水结构及大口径管道,对防腐质量提出更高的要求。对此,需要严格按下列工序报验:清扫基面→填补缝隙→打磨清扫→刷防腐涂料。还要加强安全管理。防腐涂料一般属易燃危险品,应贮存在阴凉通风处,远离火源,施工区域严禁明火,运输按易燃危险品规定办理。在管内施工作业时应加强通风,施工人员应佩戴防护用品。同时,对进场防腐涂料应严格检查验收,质保资料及相关备案证明必须齐全有效,见证取样送检合格后允许使用。在采用传统的施工辊筒和漆刷涂刷时,每次蘸料后应在齿状木板上来回滚一遍。采用空压机喷涂时应控制涂料稀稠度、喷枪的压力,保持涂层厚薄均匀,不显纹路、不露色、色泽均匀一致,高压无气喷涂,涂层要求厚而均匀,不显刷纹、不流坠。而且各类防腐蚀涂料工程,应在复合涂层完全干燥后进行验收。验收时应检查所用材料品种生产企业出厂质量保证书、单位面积涂料消耗量 KG(升)/m²(按产品说明书要求)、基层验收资料。颜色应符合设计和选定的样品要求。各类防腐蚀涂料工程,必须按产品说明书的要求及施工方案,分别对底涂、面涂进行验收。施工人员必须具备涂料施工上岗资质证书。验收时,监理工程师应检查涂层是否符合以下要求:第一,涂层应色调一致,色泽均匀,不得漏涂、不得沾污、接茬处不应出现明显涂刷接痕;第二,检测复合涂层干膜厚度是否达到设计规定的厚度要求;第三,检测复合涂层、涂层与基面、涂层与涂层之间的附着力是否达到设计规定要求;第四,检查数量按涂装面积抽查 10%,并按 1.5~2 m 距离进行目测检查。

六、盛水构筑物及管道沉降控制

构筑物的沉降有多重因素,可能是地质的先天不均和承载力不足,可能是后期开挖扰动或处理不到位,可能是池体覆土不及时、地下水位急涨等因素造成池体上浮,也可能在满水试验期间加载过快或不均导致的突沉。构筑物沉降会带来诸多问题:不均匀沉降可能导致结构裂缝,可能拉裂止水带。结构和管道的不一致沉降往往导致接头处出现漏水。新排新老构筑物间大孔径管道,更易发生沉降。据统计分析,水厂结构和管道(尤其是阀门井沉降)沉降问题有上升趋势。对此,应该从下述方面进行控制:第一,审图阶段,要重点关注设计对未探明的暗浜、淤泥层等软弱地质的处理意见。减少基础的先天不均匀因素;第二,施工方案审核过程中,临近河道等水体,要注意降水方案,是否与水厂未施工区域采取地下水阻断措施,防止连续进行降水作业,造成周边地下水流失,形成渗流通道,对水厂其他构(建)筑物或地下管线产生影响;第三,施工阶段严格按照设计要求进行基础处理,暗浜等清理和回填须严格执行隐蔽工程验收;第四,按照标准做好基础的动静载试验,核验设计数据。对埋地式构筑物,既要关注基础抗压也要控制抗浮,关注地下水位。

管道阀门井是"沉降大户"。对此,要做到严禁超挖基础。阀门井井壁浇筑完成后,在其附近减少单侧土方开挖作业,避免倾斜或侧向移位。提前进行阀门井施工,留置预沉时间,确保管道安装在沉降稳定的结构上。在做好深基坑安全的同时,也要重点控制工艺管道的沉降问题。必要时,要做基础加固和钢管加固措施。定期测量构筑物、管道标高。尤其在满水试验和水压试验前后要测量沉降数据,对沉降趋势做出判断。在工艺方面,建议根据现场实际设计管道接头形式,同时在工程实施过程中加强测量监测,如项目开工前,要对原始水准点和坐标点进行交接和复核,并将有关控制点引测至现场;分部工程施工前,要对位置和标高进行放样并复核;测量工作要严格遵循"一放两复"的程序等。此外,水厂内部的一些控制性测量要和工艺紧密联系起来。测量控制重点部位和内容如下:第一,对盛水构筑物底板、管道,严格控制标高,确保高程符合工艺要求;第二,设备安装基础做好平整度和标高控制;第三,加强过程中对建(构)筑物的沉降观测;第四,池体完成后,要据实测量长、宽、高等数据,计算并汇总各盛水池体的容积,提交数据供日后运营单位生产采用。

七、工艺设备预制拼装精度控制

自来水厂质量关系民生,滤板等工艺设备的预制拼装精度要求极高,过程中的控制难度很大。对此,需要对设备厂家进行实地考察,确保其生产能力、工艺技术符合要求。对于审查专项施工方案,方案中应明确工艺设备的预制、运输、现场拼装的质量控制要求和重点。并要求设备厂家安排专业技术人员现场指导安装。而且,制构件出厂前监理检查验收,合格后方可挂合格证出厂。此外,严格控制设备基础的平面位置和标高,监理做好复测工作。

八、加药系统质量、废液处置重点控制

自来水厂加药系统管道的安装、药品质量的好坏,直接影响出水质量。同时药品种类繁多,氯、氨等酸碱性药品储存不当、废液处置不当,极易发生爆炸等化学反应,对安全有着极大的影响。对此,应严格控制管材、药品的进场验收。对于审查加药专项施工方案,方案中应明确管材保护、成品保护、废液处置等内容。而且建议合理考虑加药顺序,氯、氨等酸性、碱性加药系统管道、排废液管道分离设置。废液排放前用水稀释,最大限度地避免发生化学反应。另外,应做好管道的成品保护措施,避免损伤、破坏管道。

九、设备吊装、安装难点控制

自来水厂建设项目不可避免发生重大型设备的吊装与安装工作。这要求承包单位编写重大型设备的吊装方案,经监理审核通过后实施。并实施重大型设备吊装监理旁站,而且需要检查吊装设备及器具的合格证(是否在有效期内)、设备及吊装器具是否完好,检查吊车司机、起重人员的上岗证。此外,检查现场的安全警示线布设是否符合要求,检查承包方指挥员、安全员、质检员是否到场。另外,监理人员现场旁站全过程。

十、提前合理规划运输路线

工程涉及大量大型机械设备、原材料运输,而且拆除工程量较大,建筑垃圾协点应提前落实。奉贤的自来水厂周边均为交通要道,例如,二水厂涉及团青公路、航塘公路,三水厂东侧为西渡街道,涉及多个小区、学校,人流量极大,还经过竹港水闸桥,需一定的限载措施。这需要组织相关单位实地勘察,确定合理的施工运输路线,然后根据现场实际情况督促总包单位编制行之有效的临时便道方案及大

重型材料设备运输方案,必要时对现有桥梁和道路进行加固,并配合业主就临时便道做好与河道、交通管理部门及其他单位的沟通协调工作。督促施工单位根据工程实际情况编制渣土开挖及运输专项施工方案,并提前与交通运输管理部门沟通,提前落实好运输路线及堆放地。督促施工单位对土方车司机进行教育和交底,施工场地内外必须减速慢行,注意礼让行人。其中,所涉及交通量大的道路,应尽量避免在交通繁忙的时段进行建筑垃圾外运。

十一、周边环境保护和监测

开工前,配合业主单位,与水厂进行沟通协调,并做好相关记录,按照要求制定保护方案并经上述单位批准后方可实施。还要督促施工单位对施工作业人员进行明确交底,办好地下管线、构筑物交底卡,并落实有效的保护措施;要求施工单位做好地下管线、构筑物探测,并根据需要开挖样洞,摸清管线及构筑物走向,谨慎施工。在工程实施过程中,严密监测周边建筑物位移情况。一旦出现预警情况,立即启动安全监理快速反应机制,及时通知有关单位进行处理。在这过程中,运输车辆应减速慢行,严禁超载,严格按规定路线和时间运输,并采取有效遮盖措施,避免尘土、泥浆洒落增加道路扬尘,并对敏感点附近施工运输道路采取洒水抑尘的措施,洒水次数做到每天不少于 2 次。编制土方、泥浆处置方案,合理分配处置时间,避免过分集中以使道路负载及扬尘在一定时期内增加。散装材料运输采取有效遮盖措施,避免超载所造成的洒泄现象;对产生扬尘的施工采取洒水等方式减少扬尘量,如:加强道路管理和养护,保持路面平整,及时清扫浮土,配置洒水车,适时对施工场地进行洒水。此外,噪声管理方面监理要求施工单位在施工中选用先进的低噪声设备,并加强设备的维护、保养和管理,尽量降低设备运行时的机械噪声。监理应要求施工单位在对居民区有影响的工段尽量避免在晚上10:00~次日 7:00 的时间内安排大的噪声设备(如钻孔桩机、挖掘机和搅拌机等)施工,大噪声设备做到夜间不施工,遇特殊情况必须夜间施工时,应在获得当地公安、环保主管部门批准后施工,时间控制极短。

十二、过程安全管理

水厂扩建项目均在老水厂内施工,工程中涉及重大危险源如高空作业、起重吊装、有毒有害气体等,因此对工程施工及人员的安全管理提出了较高的要求。项目安全管理主要包含以下几个方面:第一,施工区域内的施工安全、用电安全,施工场区内外运输安全;第二,重大危险源的施工安全;第三,人员安全;第四,督促施工单位严格按照施工方案执行,杜绝野蛮施工,并落实防尘降噪措施;第五,对周围建筑物的检测、管线、道路的检测。这要求施工单位做好场地封闭措施,防止周围群众和工人随意出入施工场地。节假日或寒暑假期间,做好预防孩童进入施工区域的预案。督促施工单位加强对施工人员的安全教育,提高工人安全意识,并制定严格的管理制度,不得擅自离开施工场地至江堤逗留、游玩。对地质发生突变造成施工风险的,要求施工单位提前编制相应的应急预案,根据应急方案进行预控和落实。

第二节　合理化建议

根据多年来数个自来水厂项目的监理经验,还得做好以下几个方面工作,加强施工质量安全管理。

一、加强特殊季节混凝土浇筑施工工艺控制

工程项目工期长,其间经历冬季、夏季、雨季、汛期等季节,因此应督促施工单位编制特殊气候条件下的施工措施,检查施工措施的可行性。督促施工单位积极准备特殊气候条件下的施工设备及材料,并检查其质量。

(一)冬季混凝土质量监理控制要点

冬季浇筑混凝土时,应督促施工单位采取措施,保证浇筑的混凝土在受冻前抗压强度不低于下列规定:第一,硅酸盐或普通硅酸盐水泥配制的混凝土,为设计标号的30%;第二,矿渣硅酸盐水泥配制的混凝土,为设计标号的40%,但在100号及以下的混凝土,不低于5.0 Mpa;第三,掺加外加剂的混凝土,其受冻前临界强度大于等于4.0 Mpa;第四,在混凝土掺加一定数量的化学附加剂时,可加速混凝土硬化和降低混凝土的冻结温度,能使混凝土在负温度条件下强度继续增长;第五,冬季施工时,施工单位应选用水化热较高的水泥或高标号水泥;第六,施工单位在浇捣混凝土时,所用的砂、石不得含有冰雪冻块,混凝土的搅拌时间比常温时应增加50%。

(二)雨季混凝土质量监理控制要点

应检查施工单位是否准备好防雨设备和机具,并督促施工单位修理好水泥库,不漏水,地面保证防潮的要求。为了防止淋雨,还应督促施工单位在主要交通道上搭设过路棚。督促施工单位在道路两侧、基坑四周预先开挖排水明沟或积水井,并砌筑高于地面200 mm的挡水墙,防止场地上的水流向基坑内。在场地上地势较低的部位设置集水坑,及时用水泵抽至排水沟中。应提醒施工单位充分考虑砂、石中的含水率及混凝土在施工过程中增加的水分,严格控制混凝土的用水量。还应督促施工单位对已振捣好的混凝土用塑料布覆盖,并及时排除汇集在一起的雨水。在混凝土施工前,施工单位应预先了解天气情况,混凝土施工尽量不安排

在下雨天气施工,如因工期等原因必须施工,应考虑施工缝的留设问题。

(三)夏季混凝土质量监理控制要点

高温阶段对工程施工也是有比较大的影响,尤其对混凝土施工影响较大。为了防止夏季砼、钢筋砼施工时受高温干热影响产生裂缝等现象,应督促施工单位在施工时采取以下措施:

1.认真做好砼的养护工作,砼浇捣前必须使木模吸足水分。面积较大时,要用草包加以覆盖,浇水保持砼湿润。

2.一般砼养护时间:采用硅酸盐水泥、普通硅酸盐水泥和矿渣硅酸盐水泥拌制的砼,不得少于7昼夜;掺加缓凝剂型外加剂及有抗渗性要求的砼,不得少于14昼夜。对供水不足的现场,应设置足够容量的蓄水池和配备足够扬程的高压水泵,确保高空供水。梁柱框架结构,应尽可能采取带模浇水养护,免受曝晒。

3.根据气温情况及砼的浇捣部位,正确选择砼的坍落度,必要时掺外加剂,以保持或改善砼的和易性、黏聚性,使其泌水性较小。

4.浇捣大面积砼,应尽量选用水化热低的水泥,必要时采取人工降温的措施,也可掺用缓凝型的减水剂,使水泥水化速度减慢,以降低和延缓砼内部温度峰值。

5.厚度较薄的构筑物断面,应安排在夜间施工,使砼的水分不致因蒸发过快而形成收缩裂缝。

6.遇大雨需中断作业时,应按规范要求留设施工缝。

二、建议做好土建和设备安装的配合

土建和设备安装生产方式不同,两者对精度的要求也不同。两者之间要有一些衔接。在以往的工作中,我们发现土建和设备配合容易出现土建队伍对设备安装面的精度认识不够问题,导致土建质量达不到设备要求,影响设备安装进度。而且安装单位拆除土建单位的安全围护设施后,不能及时补齐,造成安全隐患,土建和安装单位出现交叉作业,不安全因素多。此外,土建移交不及时,导致设备安装调试时间紧张。另外,设备安装后对已经粉饰的构筑物形成二次污染和损坏,产生矛盾。

要解决上述问题,需要对土建单位加强"工艺优先"的质量意识。还有就是土建施工单位要对构筑物的预埋件、预留孔用途、位置和标高的控制有足够的认识。加强预埋件、预留孔质量监理,立模前检查预埋件固定与洞口加固,清点数量,确保预埋(留)部位符合设备安装要求,确保无遗漏。再者就是需要督促施工单位加强对木工班管理。重要安装面立模前必须组织技术交底。按设备要求,监理重要安装面模板精度。模板精度不达标不浇筑混凝土,而且需要加强土建和设备交接。重要安装面执行土建设备联合验收制度。在移交工作面时,既要保证质量要求,也要确保安全设施完整移交,尤其对临边洞口的防护设施和临时用电电箱的移交。移交后,要加强安装单位安装期间的文明作业,不对土建结构造成污损。此外,在安装期间,加强安装单位对安全设施的动态管理,不留安全隐患。

三、建议重视工艺管线安装、焊接的质量控制

自来水厂建设,包括大口径钢管、自来水管、雨污水管等,工艺复杂。对于管道焊接,尤其有压管的焊接要求非常高。建议对工艺管线焊接、安装质量必须引起足够重视,编制专项方案,进行焊接工艺评定,明确焊缝等级标准,焊前查材料、查设备、查上岗证,焊中过程旁站,焊后验收,并按设计要求进行焊缝检测工作。对此,需要开展的主要检测和试验工作有:原材料常规送检工作,基础承载力检测,混凝土保护层测厚,防雷接地测试,管道焊接探伤或拍片检测,管道内外防腐检测(电火花或涂层测厚),满水试验、管道水压等功能性试验,构筑物各种与水接触涂料(防腐涂料等),须进行物理、生化指标检测,且生化指标应是省级以上卫生防疫部门出具的合格报告。上述项目,需利用自有仪器设备和第三方实验室加强控制。

四、加强设备部分各阶段质量控制

水厂系统工艺运行指标达到要求的条件除了土建构筑物尺寸及质量符合要求外,工艺设备的安装质量也起到了决定性作用。新建安装工艺设备较多,包括机械设备、电气设备、自动化仪表等。为了确保工程最终工艺达标,监理单位应从设备采购、设备制造、出厂预验收、进场验收、安装调试、试运行及终验收各个阶段采取针对性的管理措施,也制定了相应的管理工作流程。在设备采购阶段,需要协助业主对拟选设备供应商的资格进行严格审查,包括资质等级、生产规模、技术能力、类似业绩等,确保符合项目要求,对重要设备供应商进行实地考察。还需要根据招投标文件,对施工单位上报的设备清单进行审查,确保设备品牌、规格参数、数量等符合要求。并且,协助业主单位组织设计、施工及设备供应商就设备的具体制造参数、供货及设备基础验收等内容进行沟通,将深化设计的要求提前告知设备供应商。

设备制造阶段,需要协助业主组织各参加单位对设备厂家进行飞行检查,主要检查设备材质、尺寸及质量是否符合要求,设备制造进度等。设备出厂前应组织各参建单位到厂家进行设备预验收,主要检查设备几何尺寸精度、设备资料、备品备件,全过程监督设备性能调试,验证设备工艺性能达标情况。待设备进场后,组织业主、设计、总包、设备厂家进行开箱验收,并填写开箱验收记录,参与各方签字确认。在设备安装、调试及试运行期间,监理单位需安排有经验的监理工程师进行严格监控,确保设备最终达到工艺指标要求。此外,试运行符合要求后,协助

业主组织对工艺设备系统进行终验收及向厂方的移交工作。

五、建议加强设备安装接口控制

(一)设备采购阶段业主、设计、总包与供应商的工作接口

总包单位需提供设备清单及拟选供应商资质,如稍有差池,会对工程质量安全造成不利影响。设备采购计划难以确定,设备采购过早或过晚都可能导致采购成本的加大。设备种类多,涉及的厂家很多,不少设备生产周期较长,如水泵,价格谈判和比选难度较大。对此,严格审查设备供应商资质,对重要设备厂家进行实地考察。对上报的设备清单进行审查,确保符合设计及招标要求。还要督促设备采购单位根据土建工程总体进度合理安排设备采购计划,并根据实际进度情况适时调整采购计划。协助组织各参建单位就设备采购相关内容进行沟通,做好设备价格谈判及比选的相关准备工作。

(二)设备制造阶段总包、供应商与设计单位的工作接口

设计单位需要提供设备选型、参数信息及总体布置等内容,供应商需要深化设计内容,如果设计深度不到位、范围不清晰,将影响设备的制造、供货、安装,尤其是非标设备。对此,督促总包单位及时安排各设备供应商与设计单位进行沟通,实现工作接口顺畅,必要时监理需组织召开专题会议进行商讨,以防止设计和供应商接口未处理好而产生现场安装问题。

(三)设备制造阶段总包与供应商的设备到货信息接口

设备到货信息沟通不畅,会形成以下局面:一方面,设备晚到,造成工人及机械窝工、影响各相关专业的施工计划;另一方面,设备早到,造成无安装工人、无起吊设备、无进场通道、无存放区域等,影响原有的设备安装计划。对此,在设备出厂预验收时,就设备进场日期以及双方的要求进行商定,并进行书面签认。约定的设备进场日期前几天,提醒施工单位联系设备供应商对到货日期再次确认,并做好设备进场及安装的相关准备工作,监理需对设备进场条件进行检查。并且在约定的设备进场日期前一天,去施工单位安排专人与供应商联系,确认设备发货情况。

(四)设备安装阶段土建单位与设备安装单位的工作接口

主要为土建预留孔洞、预埋管件的设置,影响后续设备安装作业。对此,监理措施应详见《预埋件、预留孔质量监理措施》等相关文件。

(五)设备安装调试阶段设备安装单位与供应商的接口

主要设备安装、调试阶段若与设备供应商沟通接口不畅,供应商未安排技术指导,会造成现场安装人员不会安装和调试设备而影响工期,甚至野蛮施工造成设备损坏。对此,在设备采购合同订立前需提醒总包单位在合同中明确关于设备安装及调试阶段供应商技术支持条款。还应督促总包单位在设备安装及调试前,提前与供应商沟通,以确保技术人员可到场指导;若有条件,建议总包单位要求供应商安排技术人员驻场;建议厂方安排运营人员提前介入设备安装及调试阶段。

(六)设备试运行及移交阶段总包与运营单位(厂方)的接口

主要包括设备各工艺指标检测见证、设备资料及备品备件的移交、设备操作培训等事宜。对此,应组织召开专题会议,确定设备工艺指标检测见证流程、时间、每天次数及参与人员,要求厂方参加。还应督促总包单位按照厂方要求整理设备资料及备品备件清单,监理进行审核。督促总包单位和厂方做好各自的设备培训的准备工作:总包单位编制好设备操作手册,并制订培训计划提交厂方确认;厂方应及时将培训计划审核意见反馈总包单位进行完善,并确定参加培训人员。

六、建议考虑新老系统兼容性及调试

设备选型、采购的进度问题一直是制约设备安装进度的"通病"。特别是进口设备供货周期长,常有排队现象,进场制约环节多,更应该重视。参建单位对在施工现场实施的构筑物或设备这些可见的进度较为关心,而处于供订货周期的设备由于还没有进入大家视线,经常被遗漏或耽搁。监理督促采购单位合理安排采购计划及设备进场计划,力求与土建施工进度及安装总体工期安排相匹配,施工单位应根据进场的设备,合理调整施工顺序,最大限度地避免设备闲置、窝工等现象。而且,业主方一定要尽早确定设备的供方及设备的型号,并督促采购部门及时订购,定期督促。建议在设备选型时考虑与自来水厂老系统的兼容性以及后期调试的影响,根据以往类似项目的监理经验,部分价格低、质量差的元器件、设备,由于精密度不够,往往对后期调试产生很大不利影响。承包商和监理工程师要整理设备台账,定期核对。台账上要标明规格、供货渠道(甲供、乙供)、供货商、供货周期等。合理优化安装进度计划,必须充分考虑和调整设备采购计划、供货计划,实时掌握土建标的实际进度状况,防止设备采购不及时、采购过早导致设备仓储、转运以及材料价格调整等导致成本加大。

七、建议设备调试阶段,运营方适度介入

用户的感受至关重要。运营方对工艺流程、以往经验、改进建议最了解,也最

有发言权。建设方往往关心设备一次安装调试成功。运营方则要从长期使用的角度,侧重关注设备的操作,二次拆装、大修保养的方便。从顺利移交的角度来讲,运营方需要了解设备的安装信息,尤其对电气管线、监控系统、软件界面等要求比较迫切。只有充分熟悉了上述内容,运营人员才能迅速胜任岗位。同时,项目验收移交都要获得运营方的认可。很多项目之所以出现一些难以修复的缺陷,和运营方的介入过晚不无关系。如有条件,设备调试阶段甚至更早阶段,运营方技术人员就应介入。这对日后顺利运行有益。特别是强弱电和自控技术人员最好在排线时就进入。多数安装过程中,电气自控设计变更是比较大的,运营方人员加入对日后维修保养有益处,因此监理方需加强与运营方的沟通,及时了解他们感受和建议,协调解决他们的需要。邀请运营方参加例会,请他们提出工程的合理化建议。遇突发事件,及时向其汇报,以便他们及时做出反应,并帮助解决。

八、建议实行"首件制验收"制度

立足于"预防为主、先导试点"的原则,以提高质量改进意识为目的,根据首件工程的各项质量指标进行综合总结评价,对施工质量存在的不足之处分析原因、提出改进措施,以指导后续施工,预防后续施工可能产生的各种质量问题。以设备安装为例,对多个同类设备安装时,首先对一台设备进行安装,监理监督并对各工序进行确认,作为后续设备安装的样板。项目同类设备、专业施工数量较多,样板工艺具有很高的实践意义。建议对首根桩、首台泵、首台风机等,从严验收,全面验收,进行点评,并作为标准工艺实物,作为后续设备安装样板。

九、采用 BIM 技术管理

随着信息化与精细化管理工作的深入,上海某综合水厂项目以及某污水处理厂提标改造项目中使用了 BIM 建筑信息模型系统对整个工程进行管理(见图 7-1)。BIM 模型可按楼层、构件类别进行分组,柱、墙、梁、板、预埋件等可单独显示,相比二维图纸更直观地反映出建筑物的结构形式及布局等信息,很大程度上提高了施工及监理工作效率。因此,自来水厂建设项目如使用 BIM 系统,安排专职BIM 管理人员,能够使现场人员更加直观、整体地提前了解整个项目结构、工艺等内容,更可以提前对预埋管件位置等通常不被重视,且非常重要的部位进行预控,实时监控、跟踪检查,提高效率。

(一)BIM 工作开展前期

根据工程特点及建设单位需求制定 BIM 建模标准(含土建和设备安装)。与设计单位及时沟通,掌握模型制作及第一次碰撞检查情况,将错误消灭于萌芽状态,减少设计变更,进而节省工程造价。开工前针对设计单位初级模型下发、施工

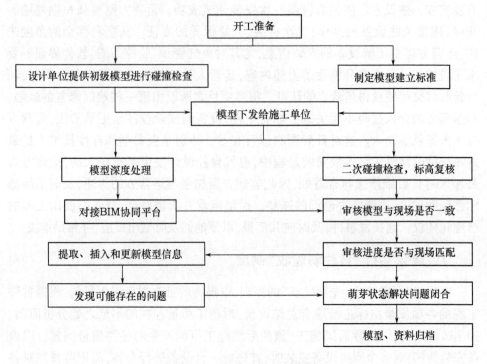

图 7-1 BIM 监理工作流程

单位与第三方平台对接等前期开展所需工作,组织 BIM 第三方平台、各参建单位召开 BIM 推进会议,并向施工单位下发 BIM 建模标准。

（二）BIM 工作开展中期

督促施工单位进行模型深化:各标段钢筋堆场、仓库、大型临时设施、标语、绿化等附属设施模型的建立;预留孔、预留洞的留设,进行二次碰撞检查、标高复核,并形成检查报告。每周安排固定时间召开 BIM 推进会,各参建单位利用 BIM 第三方平台进行汇报,总结一周工作情况、需要协调的问题及下周工作计划。

（三）BIM 工作开展后期

确保平台稳定运行,定期检查施工单位平台进度与现场实际是否匹配。而且,"虚拟施工,有效协同",施工资料及监理资料每天更新形成一套流程将信息反馈到 BIM 模型中,从而指导工程施工的进行,减少工程中出现的质量问题。根据建模标准及投标书要求核查施工单位平台是否达到规定的标准、能否归档,进行验收。

十、建议运用现场信息化监控系统

目前,正在推行施工现场"现场信息化监控系统",项目实施过程中使用监控系统,加强现场安全、质量管控,服务好项目管理人员,同时视频监控系统需24×7全程无死角监控。协助建设方、水厂运行方、施工单位全程监控施工状态、安全状态。其中平台主要监控系统实现项目接入、多机构(含外部)监管。管控功能满足监理公司总部、业主、监督机构等部门的需求。按月更新项目形象进度、在建状态、现场用工人数、进度横道图等,实现公司总部、业主、监督机构实时掌握项目进展。并且系统实现公司视频会议、公司内刊、公司通知直接推送到现场。通知公告实现无纸化推送,总监例会升级为公司员工例会,培训会议常态化。在危险性较大工程监控方面,对12类危险性较大工程实现网上填报。例如,填报深基坑工程,需要填报开始时间、结束时间、是否需要外部专家评审等要素。系统可以预先一个月提醒管理部门进行监控介入。采取业主对监理考勤,监理对施工考勤,结合门禁、指纹考勤系统,实现人工录入、门禁导入等多种考勤方式。从自身做起,强化监理人员到位约束,加强施工班子人员到位管理。采用填报和附件上传结合的方式,监理月报、会议纪要采用填报模式,监理指令等采取附件上传模式。管理部门依职权对监理文件进行评阅,确保现场及时报告,总部常态化批阅。此外,平台实现"关键词"检索功能,所有填报文本、上传附件,均需加贴"关键词"标识。管理部门依据"关键词"检索,有的放矢进行监管。上层巡检计划依据"关键词"实施。"关键词"包括:涉及验收、提及领导、发出监理指令、处理不合格、外部整改单、内部巡检记录(含不合格)、实施危险性较大工程、原材料(含平行检测)等。另外,在高点安装高倍摄像头,监控施工区域重要区域及节点,并进行长达3个月录制保存,可追溯责任;通过云平台及信息化管控平台实施24小时网络随时监控,方便参建方随时查看现场情况。在加强监管的同时,平台监测功能对现场的服务同步跟进。例如,内部管理有关工作,如报销等,均可在现场申报;现场急需的技术规范、示范文本、指导意见,可在系统知识库下载。这些服务功能将有效减少现场和公司之间无效往返的现象。

第八章 测量与试验方法及控制措施

第一节 测量与试验方法及控制措施概述

一、根据项目特点制定的检测项目、监测方法、手段

根据项目特点,需要精心制定一系列检测项目和相应的监测方法(见表 8-1)。在土建施工环节中,应重点关注混凝土强度和外观质量。为此,可以采用非破损检测技术来监测混凝土的强度,确保其达到设计要求。同时,通过目视检查混凝土的外观,以及时发现并处理可能存在的缺陷。在设备安装环节,应利用精密测量仪器对设备的安装精度进行严格监测,以保障设备安装位置的准确无误。对于电气系统,应采用专业的电气性能测试设备进行全面细致的检测,确保电气系统的稳定运行。此外,根据项目具体情况,还可以引入先进的技术手段,如无人机巡检和红外线热成像检测,以实现对项目的全面、高效监测。这些检测项目和监测方法的制定,旨在确保项目的质量、安全和效率,为项目的顺利实施保驾护航。

表 8-1 根据项目特点制定的检测项目、监测方法、手段

序号	工序名称		检测内容	检测方法和仪器	检查频率
1	测量	测量、定位	平面位置坐标、高程、轴线和平面尺寸	全站仪、经纬仪、水准仪	100%复核
		沉降观测	沉降量、位移量	施工测量,监理复核,重要监测须委托有资质的第三方	100%复核
2	原材料、成品、半成品		水泥、钢筋、混凝土、止水带、PHC 桩、各类管道及配件、型钢、钢管等物理化学指标	进场验收,监理见证取样,施工 100%送检,监理平行检测,委托第三方实验室	20%平行检测
3	土方		原场地、平衡后场地,测算土方量	水准仪、CAD 软件计算	按规范检查

续表 8-1

序号	工序名称		检测内容	检测方法和仪器	检查频率
4	基坑工程		边坡、支撑、沿槽、底高程	目视、水准仪、坡度尺	按规范检查
5	预制桩	试桩	承载、抗拔能力验算	第三方实验室	
		预制	钢筋笼制作和安装、混凝土浇筑及取样、桩尖偏移及桩顶平面倾斜	预制厂保证,不定期抽查,钢筋扫描仪扫描	飞行检查、进场验收
		沉桩	桩位定位测量、桩尖标高、垂直度、倾斜度、贯入度等	经纬仪、水准仪、钢卷尺	100%
		竣工	桩位、桩顶标高、桩基检测	钢卷尺,承载试验委托第三方实验室	100%
6	钻孔灌注桩		桩位	全站仪、经纬仪测量	100%
			孔径、孔深	卷尺	100%
			钢筋笼	卷尺	100%
			桩顶标高	水准仪测量	100%
			桩身完整性	低应变,委托有资质第三方实验室	按规范抽检
			桩身承载力	静载试验,委托有资质第三方实验室	按规范抽检
7	SMW工法桩		水泥土搅拌桩	泥浆比重计量	按规范抽查
				强度	每机每24小时做1组试块
				桩身质量检测,轻便触探器	不少于已完成桩数的2%
			轴线位置	经纬仪测量	100%
			标高	水准仪测量	100%
			型钢垂直度	经纬仪测量	100%

续表 8-1

序号	工序名称		检测内容	检测方法和仪器	检查频率
8	构筑物	模板	接缝宽度、位置、标高、尺寸、平整度、预埋件、预埋孔洞位置	目视、钢卷尺	按规范抽检
8	构筑物	钢筋	间距、锚固长度、接头	钢卷尺	按规范抽检
		混凝土	现场标养室、养护及施工缝的处理、标高、轴线位移、截面尺寸、柱垂直度、表面平整度、预埋件及预留孔洞位置	日常巡视、重要部位和工序旁站	按规范抽检
		池体	池体渗漏、防腐	满水试验、测厚仪	100%
9	管道工程	防腐	管道防腐	涂镀层测厚仪、电火花测厚仪	按规范抽检
		放坡	槽底高程、中线、宽度、边坡	水准仪、钢卷尺	
		列板支护	插入深度、支撑间距	钢卷尺	
		管道基础	垫层、高程、厚度	水准仪、钢卷尺	
		管道安装	底高程、相邻错口、承插口间隙、焊缝	水准仪、钢卷尺、无损检测	
		功能性试验	闭水试验、水压试验、CCTV	观察压力表,检查管道接口	100%
8	道路	路基	压实度、平面位置	第三方实验室、钢卷尺、水准仪	按规范检测
		基层	碾压、平整度、压实度		
		水泥混凝土面层	平整度、纵横坡、高程、宽度		
		沥青面层	压实度、厚度、平整度	第三方实验室钻芯取样、车辙试验、钢卷尺、水准仪	按规范检测

二、设备安装工程需进行检测和试验的项目

设备安装工程中,为确保设备性能及安全,必须进行多项检测和试验(见表 8-

2)。首先,对设备的电气系统进行全面检测,包括电气连接、绝缘电阻、接地电阻等,以保证电气系统的稳定性和安全性。其次,对设备的机械部分进行检测,如轴承温度、振动、噪声等,以确保机械部件的正常运转。最后,对于涉及压力的设备,还需进行压力试验,测试设备的承压能力和密封性能。在设备安装完成后,还需进行整体性能测试,验证设备是否满足设计要求和生产需要。这些检测和试验项目是设备安装工程中必不可少的环节,它们能有效保障设备的质量和性能,确保设备在投入使用后能够稳定运行,提高生产效率。

表 8-2　设备安装工程需进行检测和试验的项目

类别	检测和试验项目	实施单位			备注
		承包单位	监理单位	实验室	
工艺设备	格栅除污机、泵等工艺设备的性能试验(出厂前)	—	—	—	厂家实施
	格栅除污机、潜水泵等工艺设备的安装:安装尺寸检验	☑	√		质量报验单
	泵调试:噪声、振动、轴温	√	√		监理记录
	手动葫芦:钢结构焊缝、高强螺栓检测			√	检测报告
工艺设备	手动葫芦安装精度:轨道挠度、安装间隙	√	√		质量报验单
	闸门、阀门调试:渗漏试验	√	√		质量报验单
	管道焊接:焊缝检测			√	检测报告
	管道防腐涂层检测	√	√		质量报验单
	管道安装阶段:水压试验	√	√		质量报验单
电气	高低压设备安装尺寸检测	√	√		质量报验单
	电缆绝缘测试	√	√		质量报验单
	防雷接地电阻测试	√	√		质量报验单
仪表自控	信号、控制电缆绝缘测试	√	√		质量报验单
	在线仪表安装调试:仪表校准、标定				调试记录
	保护接地电阻测试	√	√		测试记录
	光纤进场:衰减、长度检测	√	√		测试记录
	光纤熔接:衰减、回波损耗	√	√		测试记录
	信号线(5类)检测:衰减、近端串音	√	√		测试记录
	软件:功能、逻辑、安全、响应时间			√	检验报告

三、监理监测、检测保证措施

(一)监理部自身应做好的部分

配备专职材料见证员,负责材料见证取样和送检工作。督促施工单位100%自检,并做好监理的平行检测工作。配备施工监理工作所需的检测仪器、设备,完全满足现场检测的需要。配备齐备的设备检测仪器,做好设备安装调试过程的检测工作。设备工程监理检测主要进行管道防腐检测、电气检测、防雷接地检测、压力试验(气密、水压)、噪声检测、振动检测、温度测量等内容。加强强制检测性质的工作。督促并协助施工单位进行环保验收检测、压力容器验收、供配电验收。确保事关安全和质量的强制性检测和备案工作落实到位。

(二)督促施工单位做好的部分

1. 督促施工单位建立健全质量保证体系。取样员、测量员等关键岗位持证上岗。配备齐全有效的测量试验仪器。

2. 督促施工单位选择具有资质的第三方实验室。

3. 督促检查施工单位建立现场标准养护室,定期检查标养室。

4. 检查施工单位送样、留置试块。定期整理检测台账。

5. 项目监理部委托独立于施工单位的合作实验室。

6. 严把原材料、成品、半成品进场报验关。所有材料必须质量保证资料齐全、试验合格方可用于工程。

7. 及时掌握分析检测试验结果。一旦出现不合格报告,及时商讨补救措施,或双倍送样,或加固,或补强,或返工,或拆除。杜绝不作为。

8. 按照市政质量监督部门要求填写《原材料、成品/半成品试验台账》,定期汇总报送业主和质量监督部门。

第二节　测量与试验的具体控制措施

一、项目测量控制措施

(一)现场测量的具体控制措施

1. 仪器选择与校准

选用高精度、稳定性好的测量仪器。定期对仪器进行校准和维护,确保其处于最佳工作状态。

2. 测量点布局与标记

根据工程设计要求和现场实际情况,合理布局测量点。使用明显的标记物对测量点进行清晰、持久的标记。

3. 测量程序与操作

制定详细的测量程序,包括测量前的准备、测量过程中的注意事项以及测量后的数据处理等。确保测量人员熟悉测量程序,严格按照程序进行操作。

4. 数据记录与整理

采用标准化的数据记录表格,确保数据的完整性和准确性。及时对数据进行整理和初步分析,发现问题及时复测并纠正。

5. 复测与验证

对关键测量点进行定期复测,以确保数据的稳定性和可靠性。对比不同时间点的测量数据,分析变化趋势,及时发现潜在问题。

6. 数据管理与分析

建立完善的数据管理系统,确保数据的安全性和可追溯性。运用统计学方法对数据进行深入分析,为工程设计和施工提供科学依据。

(二)测量结果的分析与处理

1. 数据清洗与预处理

对原始数据进行检查,剔除异常值或错误数据。对缺失数据进行填补或插值处理,以确保数据的完整性。

2. 统计分析方法的应用

利用统计学方法对数据进行描述性分析,如计算平均值、标准差等。进行相关性分析,以探究不同测量指标之间的关系。

3. 误差分析与校正技术

采用最小二乘法、回归分析法等数学方法对误差进行估计和校正。利用仪器自带的校准功能或定期进行仪器校准,以减少仪器误差。

4. 数据可视化与报告编制

利用图表(如柱状图、折线图、饼图等)直观地展示测量结果。编制详细的测量报告,包括测量方法、数据分析过程、结果解读以及改进建议等内容。

5. 与设计或理论值的对比分析

将实际测量结果与初步设计方案或理论预测值进行对比分析,评估偏差及其原因。根据对比结果提出改进建议或优化设计方案。

二、项目试验控制措施

(一)项目实验具体控制措施

1. 试验前准备

制订详细的试验计划,包括试验目的、方法、步骤和时间表。选择合适的试验场地和设施,确保其满足试验要求。准备必要的试验材料和设备,并进行检查和校准。

2. 试验过程控制

严格按照试验计划进行操作,确保试验条件的稳定性和一致性。对试验数据进行实时记录,包括温度、压力、流量等关键参数。设立对照组或进行重复试验,以提高试验结果的可靠性。

3. 数据收集与分析

使用专业的数据采集设备,确保数据的准确性和完整性。对收集到的数据进行统计分析,计算平均值、标准差等关键指标。将实际结果与预期结果进行对比分析,评估试验效果。

4. 问题识别与改进

根据数据分析结果,识别试验中存在的问题和不足。针对问题提出具体的改进措施,如优化试验方案、更换材料或调整工艺参数等。

5. 试验报告与安全措施

编写详细的试验报告,记录试验过程、结果及改进措施。遵守安全操作规程,确保试验过程中的人员和设备安全。

(二)测量与试验的质量控制

1. 仪器选择与校准

选用经过认证的、高精度的测量仪器和试验设备。定期对仪器进行校准,确保其精度和稳定性满足要求。

2. 测量与试验前的准备

制订详细的测量计划和试验方案,明确目标和步骤。对测量点和试验样品进行合理选择和准备,确保其具有代表性。

3. 过程控制与数据记录

严格遵守测量和试验的操作规程,确保过程的规范性。实时记录测量和试验数据,包括环境参数、操作步骤和异常情况等。使用标准化的数据记录表格,确保数据的完整性和准确性。

4. 结果分析与评估

对测量和试验数据进行统计分析,计算关键指标并绘制图表。将结果与设计要求和行业标准进行对比,评估其符合程度。对异常数据进行深入分析,找出原因并提出改进措施。

5. 问题处理与改进

对发现的问题进行及时处理,如仪器故障、操作失误等。根据分析结果调整测量方案和试验参数,以提高后续工作的质量。定期对质量控制过程进行审查和改进,以适应项目需求的变化。

参考文献

[1]彭军志,于洪艳,冯淑珍.工程质量控制[M].北京:中国水利水电出版社;2021.

[2]姜国辉,王艳艳.水利工程监理[M].北京:中国水利水电出版社;2020.

[3]樊敏,宋世军.工程监理[M].成都:西南交通大学出版社;2019.

[4]陆惠民,苏振民,王延树.工程项目管理[M].南京:东南大学出版社;2015.

[5]王岩,王婷.国际电站项目现场监理"进度控制塔SCT模型+"的研究与应用[J].建设监理,2024,(02):5-12.

[6]陈芳.水利工程建设项目监理三控制策略[J].河南水利与南水北调,2023,52(12):91-92.

[7]严旭兵.堤防工程施工质量控制中监理工作的探讨与体会——以《张家川回族自治县灾后水利薄弱环节建设项目后川河中小河流治理工程》为例[J].大陆桥视野,2022,(07):130-132.

[8]孟召辉.基于水利工程项目监理合同风险识别与控制措施[J].黑龙江水利科技,2022,50(03):194-197.

[9]周小姿.水利水电工程项目监理合同风险控制措施研究[J].水利技术监督,2021,(02):8-11+17.

[10]唐浩中.水利水电工程项目监理合同风险控制方法研究[J].水利技术监督,2020,(06):142-143+254+269.

[11]陈捷,张早如.航道疏浚工程环境监理控制措施[J].珠江水运,2019,(08):43-44.

[12]耿福春.水利水电工程项目监理合同风险控制措施[J].吉林农业,2018,(11):57.

[13]王滢.水利水电工程项目监理合同风险控制浅析[J].水利水电技术,2016,47(S2):21-23.

[14]朱巍.水利工程建设项目施工监理规范化控制探讨[J].江苏科技信息,2016,(07):54-55.

[15]孙琦.浅谈监理对农业综合开发项目中水利工程的质量控制措施[J].福建农业,2014,(09):72.

[16]章皖东.浅谈监理工程师对水利工程项目投资的控制[J].科技创新与应用,

2012,(09):117.

[17]黎伟.水利工程项目施工阶段监理的投资控制[J].广东科技,2007,(15):100-101.

[18]侯征,宇彤,李波,等.水利工程项目实施阶段监理的质量控制[J].科技信息(科学教研),2008,(13):116+227.

[19]张云宁.水利水电工程建设监理知识讲座(5)——工程项目投资控制[J].河海科技进展,1994,(04):55-61.

[20]阙瑞琼.监理工程师对中小型水利水电工程建设项目的投资控制初探[J].水利技术监督,2000,(03):12-13.

[21]皮仙槎.水利水电工程金属结构项目监理的质量控制[J].水利电力机械,2001,(03):5-8.

[22]岳金旗.水利水电工程建设合同进度管理和诚信建设[D].西南财经大学,2009.

[23]邓社军.中小型水利工程施工质量控制及评价方法研究[D].扬州大学,2007.

附表　拟投入本项目的主要试验检测仪器设备表

序号	仪器/设备名称	型号规格	数量	国别产地	制造年份	使用情况	用途	备注
1	全站仪	徕卡TC-802	1台	瑞士	2013	良好	定位、测距	
2	水准仪	苏一光	1台	中国	2013	良好	高程测量	
3	GPS	Leica	1台	瑞士	2012	良好	定位、测绘	
4	激光垂准仪	苏一光DZJ2	1台	中国	2016	良好	垂直度测量	
5	经纬仪	苏一光DJD2A	1台	中国	2015	良好	测距、轴线	
6	激光测距仪	DLE70	1台	德国	2015	良好	连续测量、间接式长度测量	
7	砼、砂浆试模	标准件	各3组	中国	2015	良好	砼及砂浆试块制作	
8	坍落度筒	标准件	2个	中国	2015	良好	混凝土坍落度检测	
9	回弹仪	JGT-A	2个	中国	2014	良好	混凝土强度检测	
10	灌注桩成孔检测仪	标准	1套	中国	2017	良好	成孔质量检测	
11	接地电阻测试仪	ZC-29B-2	1只	中国	2012	良好	检测（接地电阻测量）	
12	数字多用表	VC890D	1只	中国	2013	良好	检测（电流、电压和电阻测量）	
13	绝缘电阻摇表	ZC-25B-3	1只	中国	2012	良好	检测（绝缘电阻）	
14	相序表	XZ-1	1只	中国	2014	良好	显示相序波形	
15	千分表	0~100	1只	中国	2014	良好	检测（长度、厚度）	
16	超声波探伤仪	HY-6800	1台	中国	2015	良好	探伤检测	
17	焊缝检查尺	HJC40	1把	中国	2016	良好	焊缝质量检查	

续表

序号	仪器/设备名称	型号规格	数量	国别产地	制造年份	使用情况	用途	备注
18	涂层测厚仪	DAULSCOPE-MPOR	1台	中国	2015	良好	涂层厚度检测	
19	电火花检漏仪	DJ-6型直流	1台	中国	2016	良好	检测防腐涂层	
20	噪声检测仪	标准	1个	中国	2016	良好	噪声检测	
21	振动检测仪	标准	1个	中国	2016	良好	振动检测	
22	试电笔	110-500V	3个	中国	2018	良好	日常检测	
23	卷直尺、卡尺、塞尺等组合包	标准件	2套	中国	2015	良好	检测(长度、直径等)	
24	力矩扳手	100N.M	1把	中国	2017	良好	扭矩检测	
25	数码相机	三星	1台	韩国	新购	良好	辅助(留存影像资料)	
26	台式电脑及复印机、打印机	惠普	各1台	中国	新购	良好	辅助(整理、加工数据)	
27	笔记本电脑	Thinkpad	1台	中国	新购	良好	辅助(整理、加工数据)	
28	交通工具	电动车	2辆	中国	自购	良好	辅助交通	
29	办公设施	标准	按需	中国	自购	良好	辅助办公	
30	其他用品	标准	按需	中国	自购	良好	辅助办公	